“十二五”国家立项重点专业和课程规划系列教材
生物工程专业类实践教学系列教材

应用生物化学实验

张　恒　**总主编**
张　恒　于鹄鹏　**主　编**

东南大学出版社
·南京·

内容提要

生物化学是理论性与实践性并重的专业基础学科，生物化学实验方法和技术是生物化学教学的重要组成部分，生物化学实验所包含的基本技术涉及生物工程、制药工程、食品工程、环境工程、化学工程等多个领域，因此，生物化学实验理论及技术显得尤为重要。作为国家特色专业建设成果、江苏省重点专业类建设成果和江苏省高等教育教学改革重点项目研究成果，本教材以应用型人才培养为目标，以生物工程、食品工程、制药工程等工科相关专业为对象，以基本理论、知识、技能以及思想性、科学性、先进性、启发性、知识性为要求，融入了编者的教学经验和部分科研成果，突出生物化学基础理论的应用特征，力求实现教材内容的准确性、系统性、实用性和新颖性。

全书共四章，分别是第一章生物化学实验须知、第二章基础性实验、第三章综合性实验和第四章设计性实验。

本书可作为高等院校生物工程、食品工程、制药工程等相关工科专业的教材，也可供相关科研人员参考。

图书在版编目(CIP)数据

应用生物化学实验 / 张恒，于鹄鹏主编. —南京：东南大学出版社，2013.11

“十二五”国家立项重点专业和课程规划系列教材

生物工程专业类实践教学系列教材/张恒总主编

ISBN 978-7-5641-4569-9

Ⅰ.①应…　Ⅱ.①张…　②于…　Ⅲ.①应用生物化学-实验-高等学校-教材　Ⅳ.①Q599-33

中国版本图书馆 CIP 数据核字(2013)第 235860 号

应用生物化学实验

主　　编　张　恒　于鹄鹏　　**责任编辑**　陈　跃

电　　话　(025)83795627/83362442(传真)　　**电子邮箱**　chenyue58@sohu.com

出版发行　东南大学出版社　　**出 版 人**　江建中

社　　址　南京市四牌楼 2 号　　**邮　　编**　210096

销售电话　(025)83794121/83795801

网　　址　http://www.seupress.com　　**电子邮箱**　press@seupress.com

经　　销　全国各地新华书店　　**印　　刷**　江苏省测绘院印刷厂

开　　本　787 mm×1092 mm　1/16　　**印　　张**　7.5

字　　数　187 千字

版 印 次　2013 年 11 月第 1 版　　2013 年 11 月第 1 次印刷

书　　号　ISBN 978-7-5641-4569-9

定　　价　17.00 元

序

生物工程是20世纪70年代初开始兴起的一门新兴的综合性应用学科，该学科是以生物学特别是微生物学及生物化学的理论和技术为基础，结合化工、机械、电子、计算机等现代工程技术，充分运用分子生物学的最新成就，自觉地操纵遗传物质，定向地改造生物或其功能，通过合适的生物反应器对这类“工程菌”或“工程细胞株”进行大规模的培养，生产大量有用代谢产物并发挥其独特生理功能。目前，生物工程技术已广泛渗透到食品、医药、农业、环境、化工等领域，它的广泛应用使传统食品、发酵、饲料等工业领域的生产工艺与手段发生根本性变革。

根据江苏省“十二五”规划纲要以及十大战略性新兴产业重点发展要求，淮阴工学院实施建设了生物工程重点专业类。该专业是由生物工程、食品科学与工程、食品质量与安全三个专业组成。在重点专业建设中我们始终坚持以满足经济社会发展需求为导向，以提升专业人才培养质量为目的，以国家特色专业建设点、江苏省特色专业——生物工程核心专业为基础，将学科基础、知识结构体系、行业技术基础、教学资源相近的食品科学与工程、食品质量与安全专业进行深度交叉融合，作为专业类重点建设的目标，以带动相关专业整体水平的提高。

生物工程类相关专业学科基础和实践环节是在同一平台上实施的，首先，它可以起到深化专业交叉融合、拓宽专业面、增强适应性、拓展应用领域、相互促进、共同发展的作用，并使得相关专业的建设得到较快、全面的提升，形成较完整的专业类特色。其次，在搭建有效地实践教学大平台上，可实现平台资源共享。其三，注重专业间的交叉渗透融合，发挥专业类建设的优势，为区域经济建设提供强有力的人才支撑。

工科专业实践性很强，实践教学占有相当重要的地位。按照人才培养要求，除了在办学定位、人才培养模式、实践教学平台构建等方面凸显工程特色以外，与之匹配的工程类系列教材是不可缺少的。现有的课程实验教材基本沿用传统的课程理论教学体系，工程特色不明显，尚缺乏能覆盖专业所有实践环节、知识点全面、规范性、凸显应用型的实践教学系列教材，且适合于认识实习、生产实习等实践环节的教材则很难寻觅。建设与工程实践环节匹配的系列教材，是解决上述矛盾的有效途径。

《生物工程专业类实践教学系列教材》是由《应用生物化学实验》、《应用微生物学实验》、《生物工程专业类实习指导书》和《生物工程专业类专业实验》等四册教材构成，涵盖专业基础课、专业课、工程实习、综合训练、毕业设计等专业实践教学各环节，是国家特色专业建设成果、江苏省重点专业类建设成果和江苏省高等教育教学改革重点项目研究成果。本系列教材以应用型人才培养为目标，以生物工程、食品工程、制药工程、环境工程、新能源科学与工程(生物质能)等工科相关专业为对象，以基本理论、知识、技能以及思想性、科学性、先进性、启发性、知识性为要求，融入了编者的教学经验和部分科研成果，突出地方本科院校的应用特征，力求实现教材内容的准确性、系统性、实用性和新颖性。

本系列教材的编写和出版是一次尝试，难免会出现疏漏和错误，恳请读者提出批评意见，以便今后修改和订正。

总主编　张恒

2013 年 10 月

前　　言

生物化学是理论性与实践性并重的专业基础学科，生物化学实验方法和技术是生物化学教学的重要组成部分。生物化学实验所包含的基本技术涉及到生命科学的多个领域，其中实验教学可以引导学生深入理解和掌握理论知识，加深对生物化学理论知识的理解，加强动手能力和实践能力的培养，提升实验操作能力、观察分析能力、书写表达能力、独立分析和解决问题的能力。对于生物工程、食品科学与工程、食品质量安全、制药工程、环境工程等相关专业的学生来说，掌握生物化学实验的基本原理和操作技能是不可缺少的。

现代生物化学是生命科学领域高新技术开发与应用的基础，生物工程、制药工程、食品工程、化学工程等学科涉及大量的新型生化产品及生物材料。而应用型人才的培养需要与之匹配的教材，更需要适用于面向工程一线人才培养的教材教学体系，本教材是国家特色专业建设成果、江苏省重点专业类建设成果和江苏省高等教育教学改革重点项目研究成果。

本教材以本科应用型学历教育为特定目标，以生物工程、食品科学与工程、食品质量安全、制药工程等工科相关专业为特定对象，以基本理论、知识、技能以及思想性、科学性、先进性、启发性、知识性为特定要求，融入了编者的教学经验和部分科研成果，突出生物化学基础理论的应用特征，力求实现教材内容的准确性、系统性、实用性和新颖性。目的在于编出适合现在教学改革特点，适合现代教学方式与学习方法，给学生提供高水平知识源泉的体例新颖的教材。

全书共分四章，分别是第一章生物化学实验须知，第二章基础性实验，第三章综合性实验和第四章设计性实验。

本教材编写人员多年从事生物化学理论与实验一线教学，具有丰富的工作经验。全书由张恒和于鹄鹏编写，张恒统稿。在本书的编写过程中，参考了许多国内出版的书籍、网站的相关内容，得到了淮阴工学院生命科学与化学工程学院孙金凤、方芳、陈军及其他同事和领导的大力支持，提出了许多宝贵意见和建议，使得编写工作得以顺利完成并在内容编写上更加新颖、丰富，在此一并表示感谢。

限于编者水平有限，书中难免有错误和不足之处，敬请读者批评指正，以便今后进一步完善。

编　者

2013 年 10 月

目　录

前言 …… 1

第一章　生物化学实验须知 …… 1

第二章　基础性实验 …… 19

第一节　糖组分鉴定及糖定量分析 …… 19

实验一　3,5-二硝基水杨酸比色法测定还原糖和总糖含量 …… 19

实验二　蒽酮比色法测定总糖 …… 22

实验三　葡萄糖氧化酶法测定血糖含量 …… 24

实验四　纸上色谱法鉴定多糖的单糖组成 …… 26

第二节　脂质分离及定量分析 …… 27

实验五　索氏提取法测定芝麻中粗脂肪的含量 …… 27

实验六　邻苯二甲醛法测定血清总胆固醇的含量 …… 30

实验七　脂质体的制备 …… 32

第三节　蛋白质分离及定量分析 …… 33

实验八　氨基酸纤维素薄层层析 …… 33

实验九　氨基酸纸层析 …… 35

实验十　总氮量的测定——微量凯氏(Mirco-Kjeldahl)定氮法 …… 37

实验十一　茚三酮显色法测定氨基酸含量 …… 41

实验十二　Folin-酚法测定蛋白质含量 …… 43

实验十三　紫外吸收法测定蛋白质含量 …… 45

实验十四　考马斯亮蓝G-250法测定蛋白质含量 …… 47

实验十五　小麦蛋白质组分的分离提取 …… 50

实验十六　细胞色素C的制备及其测定 …… 51

第四节　酶的制备及活力测定 …… 54

实验十七　淀粉酶活力测定 …… 54

实验十八　纤维素酶活力测定 …… 57

实验十九　超氧化物歧化酶活力测定 …… 62

实验二十　过氧化物酶活性的测定 …… 66

实验二十一　固定化木瓜蛋白酶的制备 …… 67

第五节　核酸分离及定量分析 …… 70

实验二十二　酵母 RNA 的分离与纯化 …… 70
实验二十三　酵母 RNA 的分离及组分鉴定 …… 72
实验二十四　地衣酚显色法测定 RNA 含量 …… 73
实验二十五　醋酸纤维素薄膜电泳法分离鉴定三种腺苷酸 …… 75
实验二十六　植物 DNA 的提取与测定 …… 77
实验二十七　紫外吸收法测定核酸的含量 …… 80
实验二十八　核酸的琼脂糖凝胶电泳 …… 82

第三章　综合性实验 …… 85
实验二十九　真菌多糖的分离、纯化及鉴定 …… 85
实验三十　红细胞膜的制备及其膜磷脂分析 …… 88
实验三十一　聚丙烯酰胺凝胶电泳分离过氧化物同工酶 …… 91
实验三十二　质粒 DNA 的提取、酶切与鉴定 …… 95
实验三十三　植物 DNA 提取及 PCR 分析 …… 98
实验三十四　小麦胚芽油的制备及维生素 E 含量的测定 …… 100

第四章　设计性实验 …… 103
实验三十五　α-淀粉酶最适催化条件选择 …… 103
实验三十六　维生素 C 含量的测定及主要生物学功能评判 …… 104
实验三十七　生物膜组分鉴定及生物膜技术应用 …… 106
实验三十八　鉴别地沟油 …… 107
实验三十九　蛋白氮与非蛋白氮的定量分析 …… 108
实验四十　蛋白质分离纯化方法的选择与比较 …… 109
实验四十一　用正交试验法设计实验方案 …… 110

参考文献 …… 112

第一章　生物化学实验须知

一、生物化学实验目的

生物化学是一门理论与实验紧密结合的应用学科，生物化学实验方法和技术是生物化学教学的重要组成部分，对于生物工程、食品科学与工程、食品质量安全、制药工程、环境工程、农业工程等相关专业的学生来说，掌握生物化学实验的基本原理和操作技能是不可缺少的。生物化学实验所包含的基本技术涉及生命科学的多个领域，实验教学可以引导学生深入理解和掌握理论知识，加深对生物化学理论知识的理解，加强动手能力和实践能力的培养，提升实验操作能力、观察分析能力、书写表达能力、独立分析和解决问题的能力。

生物化学实验的目的有以下几点：

(1) 掌握基本的生物化学实验操作技能，如常见仪器的使用、试剂的配制、生命物质分离、纯化及分析的技术等，为学习后续课程、完成毕业论文、胜任实际生产与科研等工作奠定基础。

(2) 通过生物化学实验进行验证、运用、总结和延伸，最终达到理解并掌握生物化学的基本理论和基本知识的目的。通过基础性实验、综合性实验、设计性实验三个不同层次的实验教学，学生在掌握了基本知识的基础上，尝试自行设计实验方案，分析处理实验数据，得出合理的实验结果，可以进一步提升综合应用能力、分析设计能力、逻辑思维能力、解决问题的能力，以及创新求实的工作作风。

(3) 培养工程意识和工程能力，当生化产品实际生产和科学研究中遇到问题时，如产品开发、质量控制、安全保障、绿色生产等涉及的方方面面，能够利用已掌握的生物化学基础知识和实验技能，采用科学方法，迅速响应，及时给出应对措施，正确解决问题，稳定生产秩序。

二、生物化学实验室规则及常识

(1) 严格遵守纪律，不迟到，不早退。进入实验室必须穿好实验工作服。

(2) 实验前清点好仪器、用具与试剂，实验台面应随时保持整洁，仪器、药品摆放整齐。

(3) 试剂取用后立即盖好放回原处，切忌“张冠李戴”。公用试剂用毕，应立即盖严放回原处。勿使试剂、药品洒在实验台面和地面上。

(4) 废液废纸倒入指定容器内。

(5) 爱护公物，节约水、电、试剂，遵守损坏仪器报告、登记、赔偿制度。

(6) 严格按照操作规程使用仪器，凡不熟悉操作方法的仪器不得随意动用。对贵重仪器必须先熟知使用方法，才能开始使用；仪器发生故障，应立即关闭电源并报告老师，不得擅自拆修。

(7) 实验完毕，将有关仪器和器材洗净归置好，值日生负责整个实验室的清洁和整理，保持实验室整洁卫生。

(8) 实验室内应保持安静，不得嬉戏打闹。

(9) 我国实验室化学试剂分级及用途

表1-1　我国化学试剂分级及用途

	一级试剂	二级试剂	三级试剂	四级试剂	生物试剂
级别	保证试剂 G.R 绿色标签	分析纯 A.R 红色标签	化学纯 C.R 蓝色标签	实验试剂 L.R 化学用	B.R或C.R
用途	适用于最精确的分析及研究	适用于精确地微量分析	适用于一般的微量分析	适用于一般定性检测	根据说明使用

三、生物化学实验课教学要求

(1) 实验课前认真预习实验内容，了解实验原理和基本操作过程，明确实验目的、原理、操作步骤及注意事项等，写出预习报告。

(2) 实验过程中不做与实验无关的事情，不妨碍他人实验。

(3) 加强移液、混匀、过滤等基本技能训练，熟悉分光光度计、离心机等常用仪器的使用方法。

(4) 如实记录实验数据，仔细分析，得到客观结论。若实验失败，应认真查找原因，不得任意涂改实验结果。

(5) 按要求及时写好实验报告并按时上交。

四、实验报告书写要求

用专用的实验报告手册(或报告纸)书写，内容包括以下几方面。

1. 标题

包括课程和实验名称、实验者姓名、实验日期。

2. 目的和原理

以文字或反应方程式的形式，简明扼要地概括实验目的和原理。

3. 方法与步骤

尽量以流程图或表格的形式呈现，简要表示操作步骤和操作方法。

4. 记录

实验现象和实验数据的记录要做到及时、准确、详尽、真实、清楚。

避免回顾性记录，以免造成无意或有意的失真。准确、真实地记录实验现象，不能照搬教材等资料文献中的描述，实验中可能会遇到实际现象和数据与教材不一致的情况；不可掺杂任何主观因素，切忌拼凑实验数据和结果，对于一些异常的现象和数据更要如实记录。

具体记录实验现象的所有细节，包括速度、颜色、大小、形状、多少，以及仪器的型号、生产厂家、生产日期、实验室编号等。

5. 数据处理及结果分析

根据实验要求，整理、归纳数据，计算得出结果，包括根据实验数据及计算结果作出的各种图表及从图表得出的结果。对于一些与书本资料不一致或者异常的现象和数据，更应该分析查找原因。简要说明本次实验的结果和结论，亦可阐述对实验设计的认识、体会及建议。

五、实验误差的来源与提高准确度的方法

生命物质定量分析的结果，受分析方法、测量仪器、所用试剂和分析工作者等方面的限制，测量值与客观存在的真实值相比或多或少存在误差。这些误差一般分为系统误差和偶然误差两类，了解这些误差的可能来源，可以尽量减少误差、提高实验准确度。

1. 系统误差

测定过程中某些经常发生的原因产生系统误差，此类误差对测定结果的影响比较稳定，在同一条件下重复测定中常重复出现，使测定结果偏高或偏低，而且大小有一定规律，往往可以测定出大小与正负，主要来源于方法误差、仪器误差、试剂误差和个人操作误差 4 个方面。

此类误差可以通过标准物对照、设置空白试验、校正仪器等手段减少或消除。

2. 偶然误差

偶然误差来源于某些难以预料的偶然因素，造成同一实验者在同样条件下进行一系列测定时，每一次测量的结果都略有不同。造成此类误差的原因可能与取样的随机性是否充分、测定过程中是否有不易控制的外界因素（如环境、温度、湿度和气压的微小波动等）的影响有关。

通过平均取样及多次取样进行平行测定，并计算平均值，可以有效地减少偶然误差。

六、生物化学实验基本操作

1. 玻璃仪器的洗涤

(1) 洗涤

玻璃仪器清洁与否与实验结果的准确程度及误差大小密切相关。玻璃仪器是否清洗干净，以倒置时壁上不挂水珠为准。

一般的玻璃仪器，如试管、烧杯、量筒等，用毛刷刷洗，刷洗程序为先用自来水刷洗，再用毛刷蘸取洗衣粉或去污粉将仪器内外仔细洗刷，重点是内壁，用自来水冲洗干净后，再用蒸馏水刷洗 2～3 次，倒置于仪器架上晾干备用。

无法用毛刷刷洗的量器，如刻度吸管、容量瓶等，应先用自来水冲洗、沥干，再用洗液浸泡 4～6 h，取出并沥干后，用自来水冲洗干净，再用蒸馏水刷洗 2～3 次，倒置于量器架上晾干备用。

新购量器表面常附有游离的碱性物质及泥污，先用洗衣粉或去污粉洗刷再用自来水洗净，然后浸泡在 1%～2%盐酸溶液中至少 4 h，自来水冲洗干净，最后再用蒸馏水刷洗 2～3 次，倒置于仪器架上晾干或置于 80～100 ℃烘箱内烘干备用。

(2) 洗液的种类和用途

各种洗液均可反复使用，但是使用前必须将待洗涤的玻璃仪器先用水冲洗多次，除去洗衣粉、去污粉或各种废液。若仪器上有凡士林或羊毛脂时，应先用软纸擦去，然后用乙醇或乙醚擦净后才能使用洗液，否则会使洗液迅速失效。

① 铬酸洗液：广泛用于玻璃仪器的洗涤。肥皂水、乙醇、甲醛等有机溶剂及少量油污都会使洗液变绿，降低洗涤能力。

称取 5 g 重铬酸钾粉末置于 250 mL 烧杯中，加水 5 mL 尽量使其溶解。慢慢加入浓硫酸 100 mL，随加随搅拌。冷却后贮存备用。

亦可称取 200 g 重铬酸钾，溶于 500 mL 水，慢慢加入工业硫酸 500 mL，边加边搅拌。

② 浓盐酸：可洗去水垢或某些无机盐沉淀。

③ 5%草酸溶液：用数滴硫酸酸化，可洗去高锰酸钾的痕迹。

④ 5%～10%磷酸三钠溶液：可洗涤油污物。

⑤ 30%硝酸溶液：洗涤 CO_2 测定仪器及微量滴管。

⑥ 5%～10%乙二胺四乙酸二钠（EDTA－Na_2）溶液：加热煮沸可洗脱玻璃仪器内壁的白色沉淀物。

⑦ 尿素洗液：该洗液为蛋白质的良好溶剂，适用于洗涤蛋白质制剂及血样的容器。

⑧ 酒精与浓硝酸混合液：适合于洗净滴定管，在滴定管中加入 3 mL 酒精，然后沿管壁慢慢加入 4 mL 浓硝酸，盖住滴定管管口，利用所产生的氧化氮洗净滴定管。

⑨ 有机溶剂：丙酮、乙醇、乙醚等可用于洗脱油脂、脂溶性染料等污痕。二甲苯可洗脱油漆的污垢。

⑩ 氢氧化钾的乙醇溶液和含有高锰酸钾的氢氧化钠溶液：用于清除容器内壁污垢。这是两种强碱性的洗液，对玻璃仪器的侵蚀性很强，洗涤时间不宜过长。使用时应小心慎重。

2. 吸量管的选择和使用

(1) 选择

吸量管是生物化学实验中必备的量取液体的仪器，常用的刻度吸量管有 10 mL、5 mL、2 mL、1 mL、0.5 mL、0.1 mL 等不同的规格，可任意量取0.01～10 mL 的液体。使用前根据需要选择适当的吸量管，其总容量最好等于或稍大于取液量。临用前看清容量和刻度。

(2) 使用

采用正确的执管方法，用右手拇指、中指及无名指掌控吸量管的上部，用食指堵住管口控制液体流速及流量，切忌用大拇指堵住管口，面向刻度数字，便于操作。左手捏压洗耳球，将吸量管的尖端插入所取试剂液面下，将洗耳球的下端出口对准吸量管上口，使液体缓缓上移至最高刻度上端 1～2 cm 处，迅速用食指堵住管口，阻止管中液体流出。利用食指的压紧程度调节管中液体高度直至达到所需刻度，注意观察刻度读数应保持管中液面、视线和刻度在同一水平线上。将吸量管转移至指定的容器内，吸管尖端接触容器内壁，但不能插入容器原有液体中，以免污染吸管及试剂。放松食指，让液体自然流出。放液后吸管尖端残留的液体是否吹出，视所选用的吸量管种类要求而定。若管壁有“吹”的字样则需要吹出，若无需吹出，则让吸量管尖端停靠内壁约 15 s，同时转动吸管，重复一次。用后及时清洗。

3. 可调式微量移液器的使用

可调式移液器是连续可调的通用微量移液器，适用于液体的精确取样和转移。常见的有手动单道、手动多道、电动单道、电动多道等几种类型。微量移液器习惯上称为移液枪，是一活塞式吸管，利用空气排放原理进行工作，以活塞在活塞套内移动的距离确定移液器的容量，用于量取少量或微量液体。移液器由定位部件、容量调节指示部分、推顶装置、活塞套和吸液嘴等组成。采用高强度、无污染、抗化学腐蚀的高分子材料制成。

使用移液器应先设定容量值即移液量，可调式移液器应在允许容量范围内调节。连续可调式移液器容量计读数由三位有效数字组成(显示所转移液体容量),从上(最大有效数字)到下(最小有效数字)读取,利用底部刻度可将容量刻度调节到更精确的分度。容量范围自0.5～1 000 μL 不等。

移液器移放液操作包括吸液和放液两个步骤。垂直地握住移液器,将按钮揿到第一停止点,并把吸液嘴浸入到液面下 2～3 mm 处,缓慢平稳地松开按钮,吸取液样,待移液器吸满液体后等待 1～2 s,然后将吸嘴提离液面,贴壁停留 2～3 s,使管尖外侧的液滴滑落。然后将吸液嘴移至加样容器内壁上,缓慢地把按钮揿到第一停止点,等待 1～2 s,再把按钮压到第二停止点,停留1～2 s 以排出剩余液体。若吸取不同液体时需更换吸液嘴。

为了保证吸液的精密度和准确度,装上新吸嘴或改变吸取的容量值时应先吸入一次液样并将之排回原容器中,反复 2～3 次,达到预洗吸嘴的目的。第一次吸取的液体会在吸嘴内壁形成液膜,导致计量误差。同一吸嘴在连续操作时液膜相对保持不变,故第二次吸液可消除误差。

使用移液器应注意以下几点:(1) 取液前所取液体应在 15～25 ℃下,与室温平衡,若吸液温度与室温有差异时将吸头预洗多次再用。移液温度不得超过 70 ℃。(2) 吸嘴浸入液体的深度要合适,吸液过程尽量保持不变。吸取液体时应缓慢匀速吸取,避免液体溅到移液器头上。(3) 调整取液量的旋钮时,不要用力过猛,并注意计数器显示的数值不要超过其可调范围。(4) 连续可调式移液器在取样加样过程中应注意吸嘴不能触及其他物品,以免被污染;吸嘴盒(架子)、废液瓶、所取试剂及加样的样品管应摆放合理,以方便操作过程、避免污染为原则。(5) 改吸不同液体、样品或试剂前要换新吸嘴;发现吸嘴内有残液时要换新吸嘴。新吸嘴使用前要预洗。(6) 当吸嘴内有液体时不可将移液器平放、倒转,以防液体进入移液器套筒内。(7) 使用了酸或有腐蚀蒸汽的溶液后,最好拆下套筒,用蒸馏水清洗活塞及密封圈;切勿用油脂等润滑活塞及密封圈。拆洗后的移液器要经校准后方可使用。(8) 连续可调式移液器在使用完毕后应置于移液器架上,远离潮湿及腐蚀性物质。应定期校准、调试,不要自行拆开。

微量移液器的标定通常采用蒸馏水称量法。

4. 测量 pH

pH 是溶液酸碱度的表示方法,是液体介质酸碱度的量化形式,应用范围在 1～14 之间,pH=7 呈中性,pH<7 呈酸性,pH>7 呈碱性。适用于不大于 0.1 mol/L 的酸度([H^+])或碱度([OH^-])浓度范围。常用的 pH 测量方法有 pH 指示剂法、pH 试纸法和酸度计(pH 计)法。前两者因观测者对颜色的判断存在个体差异,导致测定结果有较大的不一致性,而酸度计法则可避免这种误差。

(1) pH 指示剂法

根据待测溶液 pH 指示剂的颜色变化,判断溶液的 pH,变色点 pH 及颜色变化随着指示剂的不同而不同。

(2) pH 试纸法

pH 试纸分为广泛试纸和精密试纸,根据需要选择试纸类型,通过试纸的对照比色卡判断溶液的 pH。

(3) pH 计(酸度计)法

pH 计又称为酸度计,应用"电位法"测量溶液 pH,属于电化学式分析仪器,广泛应用于工业、电力、农业、医药、食品、科研和环保等领域。pH 计是一种常用的小型仪器,主要用来精密测量液体介质的酸碱度值，配上相应的离子选择电极也可以测量离子电极电位 mV 值。pH 计有笔式(迷你型)、便携式、台式、在线式等多种类型。

pH 计由参比电极、指示电极和电流计三个部件构成，通过测量电池的电动势获得 pH。常用 pH 计的电池通常由饱和甘汞电极为参比电极，玻璃电极为指示电极。在 25 ℃，溶液 pH 每变化 1 个单位，对应于电位差改变 59.16 mV，在仪器上直接以 pH 的读数表示，其读数可以精确到小数点后两位。仪器上有温度差异补偿装置。

测定 pH 时，应严格按仪器的使用说明书操作，并注意下列事项：

① 通常采用二点法校准。测定前，按各品种项下的规定，选择两种 pH 约相差 3 个 pH 单位的标准缓冲液，并使供试液的 pH 处于两者之间。

② 取与供试液 pH 较接近的第一种标准缓冲液对仪器进行校正(定位)，使仪器示值与表列数值一致。

③ 仪器定位后，再用第二种标准缓冲液核对仪器示值，误差应不大于±0.02 pH 单位。若大于此偏差，则应小心调节斜率，使示值与第二种标准缓冲液的表列数值相符。重复上述定位与斜率调节操作，至仪器示值与标准缓冲液的规定数值相差不大于 0.02 pH 单位。否则，需检查仪器或更换电极后，再进行校正至符合要求。

④ 每次更换标准缓冲液或供试液前，应用纯化水充分洗涤电极，然后将水吸尽，也可用所换的标准缓冲液或供试液洗涤。

⑤ 在测定高 pH 的供试品和标准缓冲液时，应注意碱误差的问题，必要时选用适当的玻璃电极测定。

⑥ 对弱缓冲或无缓冲作用溶液的 pH 测定，先用邻苯二甲酸氢钾标准缓冲液校正仪器后测定供试液，并重取供试液再测，直至 pH 的读数在 1 min 内改变不超过±0.05；然后再用硼砂标准缓冲液校正仪器，再如上法测定；二次 pH 的读数相差应不超过 0.1，取两次读数的平均值为其 pH。

5. 比色

生物组分的定量分析，常常采用比色法。应根据需要选择可见光或紫外光分光光度计，不同厂家生产的光度计其种类和型号有差异，但操作基本相当。操作步骤一般如下：

(1) 打开暗箱盒盖子，开机预热 15～20 min。

(2) 选择适宜的波长 l 和相应的灵敏度档。

(3) 开盖状态下，调节 $T=0$；以参比液作为基准，调节 $T=100\%$，则将参数调节至吸光度，$A=0$ (调零)。或者直接开盖调 $T=0$，关盖调 $T=100\%$，则测定空白液，也将得到一吸光度值的数据，作标准曲线时可以在测定数据中扣除该数值，或者以该数值为起点，则标准曲线上移一定距离。

(4) 拖动拉杆，使待测液处于光路中，读数。读数完毕，应立即打开比色槽暗箱盖子。每个样品最好反复读数 3 次左右。

(5) 测定完毕，拔下插头。

(6) 使用比色皿的注意事项

操作时应该小心取放比色皿；紫外区测定时需用石英比色皿；切勿用手接触比色皿的透光

面;应用擦镜纸或软的吸水纸擦拭比色皿外壁;皿内被测液以皿高的$\frac{3}{4}$为宜;测定前先用待测液浸润比色皿内壁 2～3 次;若被测液有浓度梯度则应按照从稀到浓的原则依次测定;清洗比色皿一般用水冲洗,若被有机物污染,宜用 1∶2 盐酸-乙醇混合液浸泡后再冲洗,切勿用碱液或强氧化性洗涤液清洗,不能用毛刷刷洗,以免比色皿表面受损。

6. 过滤和离心

过滤和离心都可以使沉淀与母液分开。生物化学实验中常采用过滤的方法收集滤液、收集沉淀和洗涤沉淀。收集滤液应选用干滤纸,避免湿滤纸影响滤液的稀释比例。当沉淀黏稠、沉淀颗粒过小或者与滤纸发生反应而无法过滤时,则需选用离心法。

离心机种类很多,操作中应注意以下几点:

(1) 将离心机置于平坦和结实的地面或实验台面上。

(2) 装入待离心液体,处于对角线位置的对称离心管(包括其外套管),应放在托盘天平上平衡。装入离心管中的液体量以距管口 1～2 cm 为宜;挥发性溶液或离心管无盖的情况下,所装溶液的体积不应超过总体积的$\frac{2}{3}$,以免在离心时液体甩出,失去平衡。将离心管和外套管紧固在对角线的位置,并确认安装正确。

(3) 根据要求设置转速和时间。

(4) 离心完毕,关闭电源开关,待惯性转动停止后按动开锁钮,开盖取样。使用后应擦拭污物。运转中严禁开盖,严禁用手或其他物件迫使离心机转头停转。

(5) 离心机启动后,如有不正常的噪音或振动,应立即切断电源,关机处理。

7. 恒温摇床的使用

恒温摇床也称为振荡器,是常用的实验室生化仪器设备,用于液体培养和制备生物样品,是生命科学领域科研、教育和生产部门作精密培养制备不可缺少的。摇床一般具有控温、调速、定时等功能,培养箱、振荡器于一体。常用的摇床有水浴摇床和气浴摇床两大类。由于水在 100 ℃沸腾汽化,水浴摇床的最大控温点在 100 ℃以下,气浴摇床的控温范围比水浴摇床大得多,控温点超过 100 ℃则需使用气浴摇床。

摇床的型号规格有多种多样,应严格按仪器的使用说明书操作,其操作内容基本包括如下几点。

(1) 接通电源。

(2) 设定工作时间,如需长时间工作,将定时器调至“常开”位置。

(3) 设定恒温温度。

(4) 设定振荡或回旋方式。

(5) 装瓶,为使仪器工作时有较好的平衡性能,避免产生较大的振动,装瓶时应将所有的瓶位布满,各瓶的装液量应大致相等,其装液量不得超过容器总体积的$\frac{2}{3}$。若培养瓶数量不足,可对称放置。

(6) 开启恒温摇床装置。

(7) 调节振荡速度旋钮至所需的振荡频率,有些仪器有回旋、多向振荡等功能,根据需要选择。

(8) 工作完毕将转速调至最低点,关闭所有按钮,切断电源。

(9) 清洁机器,保持干净。

七、常用酸碱指示剂的配制

配制指示剂通常用0.1 mol/L NaOH或0.1 mol/L HCl调节至中间色调。

表1-2 常用酸碱指示剂配制

指示剂名称	变色pH范围	配制方法
甲酚红(酸)	0.2～1.8 红⟷黄	0.1 g溶于2.62 mL 0.1 mol/L NaOH,蒸馏水稀释至250 mL
百里酚蓝 (麝香草芬兰)	1.2～2.8 红⟷黄	0.1 g溶于2.15 mL 0.1 mol/L NaOH,蒸馏水稀释至250 mL
甲基黄	2.0～4.0 红⟷黄	0.1 g溶于250 mL 95%乙醇
甲基橙	3.1～4.4 红⟷橙黄	0.1 g溶于3 mL 0.1 mol/L NaOH,蒸馏水稀释至250 mL
溴酚蓝	2.8～4.6 黄⟷蓝紫	0.1 g溶于1.49 mL 0.1 mol/L NaOH,蒸馏水或20%乙醇稀释至250 mL
溴甲酚绿 (溴甲酚蓝)	3.8～5.4 黄⟷蓝	0.1 g溶于1.43 mL 0.1 mol/L NaOH,蒸馏水稀释至250 mL
甲基红	4.3～6.1 红⟷黄	0.1 g溶于250 mL水(钠盐)或60%乙醇(游离酸)
溴甲酚紫	5.2～6.8 黄⟷红紫	0.1 g溶于1.85 mL 0.1 mol/L NaOH,蒸馏水或20%乙醇稀释至250 mL
石蕊	5.0～8.9 红⟷蓝	0.1 g溶于250 mL蒸馏水
中性红	6.8～8.0 红⟷橙棕	0.1 g溶于250 mL 70%乙醇
酚酞	8.3～10.0 无色⟷粉红	0.1 g溶于250 mL 70%乙醇
混合指示剂	3.2～3.4 蓝紫⟷绿	1份0.1%甲基黄乙醇溶液 1份0.1%甲烯蓝乙醇溶液
	5.2～5.6 红紫⟷绿	4份0.1%甲基红乙醇溶液 1份0.1%甲烯蓝乙醇溶液
	7.0 蓝紫⟷绿	1份0.1%中性红乙醇溶液 1份0.1%甲烯蓝乙醇溶液,贮于深色瓶中
	8.6～9.0 浅绿⟷紫	1份0.1%α-萘酚乙醇溶液 3份0.1%酚酞乙醇溶液

八、缓冲液的配制

1. 常用缓冲液的配制

(1) KCl－HCl 缓冲液

表中 x 为 0.2 mol/L HCl 溶液的体积数。根据需要的 pH，按照下表量取 0.2 mol/L HCl 溶液与 25 mL 0.2 mol/L KCl 溶液混合，加水稀释至 100 mL。

表 1－3　KCl－HCl 缓冲液

pH	x/mL	pH	x/mL	pH	x/mL	pH	x/mL
1.0	67.0	1.4	26.6	1.7	13.0	2.0	6.5
1.1	52.8	1.5	20.7	1.8	10.2	2.1	5.1
1.2	42.5	1.6	16.2	1.9	8.1	2.2	3.9
1.3	33.6						

(2) HAc－NaAc 缓冲液

表中 x 为 0.2 mol/L NaAc 溶液的体积数，y 为 0.2 mol/L HAc 溶液的体积数。根据需要的 pH，按照下表量取 0.2 mol/L NaAc 溶液与 0.2 mol/L HAc 溶液混合。使用时按需要的比例放大倍数。

表 1－4　HAc－NaAc 缓冲液

pH	x/mL	y/mL	pH	x/mL	y/mL	pH	x/mL	y/mL
3.6	0.75	9.25	4.4	3.70	6.30	5.2	7.90	2.10
3.8	1.20	8.80	4.6	4.90	5.10	5.4	8.60	1.40
4.0	1.80	8.20	4.8	5.90	4.10	5.6	9.10	0.90
4.2	2.65	7.35	5.0	7.00	3.00	5.8	9.40	0.60

(3) 邻苯二甲酸氢钾－HCl 缓冲液

表中 x 为 0.2 mol/L 邻苯二甲酸氢钾溶液的体积数，y 为 0.2 mol/L HCl 溶液的体积数。根据需要的 pH，按照下表量取 0.2 mol/L 邻苯二甲酸氢钾溶液与 25 mL 0.2 mol/L HCl 溶液混合，加水稀释至 20 mL。

表 1－5　邻苯二甲酸氢钾－HCl 缓冲液

pH	x/mL	y/mL	pH	x/mL	y/mL	pH	x/mL	y/mL
2.2	5	4.67	2.8	5	2.64	3.4	5	0.99
2.4	5	3.96	3.0	5	2.03	3.6	5	0.60
2.6	5	3.30	3.2	5	1.47	3.8	5	0.26

(4) 邻苯二甲酸氢钾－NaOH 缓冲液

表中 x 为 0.1 mol/L NaOH 溶液的体积数。根据需要的 pH，按照下表量取 0.1 mol/L NaOH 溶液与 50 mL 0.1 mol/L 邻苯二甲酸氢钾溶液混合，加水稀释至 100 mL。

表 1-6 邻苯二甲酸氢钾-NaOH 缓冲液

pH	x/mL	pH	x/mL	pH	x/mL	pH	x/mL
4.1	1.3	4.6	11.1	5.1	25.5	5.6	38.8
4.2	3.0	4.7	13.6	5.2	28.8	5.7	40.6
4.3	4.7	4.8	16.5	5.3	31.6	5.8	42.3
4.4	6.6	4.9	19.4	5.4	34.1	5.9	43.7
4.5	8.7	5.0	22.6	5.5	36.6		

(5) 甘氨酸-HCl 缓冲液

表中 x 为 0.2 mol/L 甘氨酸溶液的体积数，y 为 0.2 mol/L HCl 溶液的体积数。根据需要的 pH，按照下表量取 0.2 mol/L 甘氨酸溶液与 0.2 mol/L HCl 溶液混合，加水稀释到 200 mL。

表 1-7 甘氨酸-HCl 缓冲液

pH	x/mL	y/mL	pH	x/mL	y/mL	pH	x/mL	y/mL
2.2	50	44.0	2.8	50	16.8	3.4	50	6.4
2.4	50	32.4	3.0	50	11.4	3.6	50	5.0
2.6	50	24.2	3.2	50	8.2			

(6) 磷酸盐缓冲液

表中 x 为 0.2 mol/L Na_2HPO_4 溶液的体积数，y 为 0.2 mol/L NaH_2PO_4 溶液的体积数。根据需要的 pH，按照下表量取 0.2 mol/L Na_2HPO_4 溶液与 0.2 mol/L NaH_2PO_4 溶液混合，使用时按需要的比例放大倍数。

表 1-8 磷酸盐缓冲液

pH	x/mL	y/mL	pH	x/mL	y/mL	pH	x/mL	y/mL
5.8	8.0	92.0	6.6	37.5	62.5	7.4	81.0	19.0
5.9	10.0	90.0	6.7	43.5	56.5	7.5	84.0	16.0
6.0	12.3	87.7	6.8	49.0	51.0	7.6	87.0	13.0
6.1	15.0	85.0	6.9	55.0	45.0	7.7	89.5	10.5
6.2	18.5	81.5	7.0	61.0	39.0	7.8	91.5	8.5
6.3	22.5	77.5	7.1	67.0	33.0	7.9	93.0	7.0
6.4	26.5	73.5	7.2	72.0	28.0	8.0	94.7	5.3
6.5	31.5	68.5	7.3	77.0	23.0			

(7) 柠檬酸-柠檬酸钠缓冲液

表中 x 为 0.1 mol/L 柠檬酸溶液的体积数，y 为 0.1 mol/L 柠檬酸钠溶液的体积数。根据需要的 pH，按照下表量取 0.1 mol/L 柠檬酸溶液与 0.1 mol/L 柠檬酸钠溶液混合，使用时按需要的比例放大倍数。

表 1-9　柠檬酸-柠檬酸钠缓冲液

pH	x/mL	y/mL	pH	x/mL	y/mL	pH	x/mL	y/mL
3.0	18.6	1.4	4.2	12.3	7.7	5.4	6.4	13.6
3.2	17.2	2.8	4.4	11.4	8.6	5.6	5.5	14.5
3.4	16.0	4.0	4.6	10.3	9.7	5.8	4.7	15.3
3.6	14.9	5.1	4.8	9.2	10.8	6.0	3.8	16.2
3.8	14.0	6.0	5.0	8.2	11.8	6.2	2.8	17.2
4.0	13.1	6.9	5.2	7.3	12.7	6.4	2.0	18.0

(8) 硼酸-硼砂缓冲液

表中 x 为 0.05 mol/L 硼砂溶液的体积数，y 为 0.2 mol/L 硼酸溶液的体积数。根据需要的 pH，按照下表量取 0.05 mol/L 硼砂溶液与 0.2 mol/L 硼酸溶液混合，使用时按需要的比例放大倍数。

表 1-10　硼酸-硼砂缓冲液

pH	x/mL	y/mL	pH	x/mL	y/mL	pH	x/mL	y/mL
7.4	1.0	9.0	8.0	3.0	7.0	8.7	6.0	4.0
7.6	1.5	8.5	8.2	3.5	6.5	9.0	8.0	2.0
7.8	2.0	8.0	8.4	4.5	5.5			

(9) 硼砂-NaOH 缓冲液

表中 x 为 0.05 mol/L 硼砂溶液的体积数，y 为 0.2 mol/L NaOH 溶液的体积数。根据需要的 pH，按照下表量取 0.05 mol/L 硼砂溶液与 0.2 mol/L NaOH 溶液混合，加水稀释至 200 mL。

表 1-11　硼砂-NaOH 缓冲液

pH	x/mL	y/mL	pH	x/mL	y/mL	pH	x/mL	y/mL
9.3	50	6.0	9.6	50	23.0	10.0	50	43.0
9.4	50	11.0	9.8	50	34.0	10.1	50	46.0

(10) 硼砂-HCl 缓冲液

表中 x 为 0.1 mol/L HCl 溶液的体积数。根据需要的 pH，按照下表量取 0.1 mol/L HCl 溶液与 50 mL 0.025 mol/L 硼砂溶液混合，加水稀释到100 mL。

表 1-12　硼砂-HCl 缓冲液

pH	x/mL	pH	x/mL	pH	x/mL	pH	x/mL
8.0	20.5	8.3	17.7	8.6	13.5	8.9	7.1
8.1	19.7	8.4	16.6	8.7	11.6	9.0	4.6
8.2	18.8	8.5	15.2	8.8	9.4	9.1	2.0

(11) 巴比妥钠－HCl 缓冲液

表中 x 为 0.04 mol/L 巴比妥钠溶液的体积数，y 为 0.2 mol/L HCl 溶液的体积数。根据需要的 pH，按照下表量取 0.04 mol/L 巴比妥钠溶液与 0.2 mol/L HCl 溶液混合，使用时按需要的比例放大倍数。

表 1－13　巴比妥钠－HCl 缓冲液

pH	x/mL	y/mL	pH	x/mL	y/mL	pH	x/mL	y/mL
6.8	100	18.4	7.8	100	11.5	8.8	100	2.5
7.0	100	17.8	8.0	100	9.4	9.0	100	1.7
7.2	100	16.7	8.2	100	7.2	9.2	100	1.1
7.4	100	15.3	8.4	100	5.2	9.4	100	0.7
7.6	100	13.4	8.6	100	3.8	9.6	100	0.4

(12) Tris－HCl 缓冲液

表中 x 为 0.1 mol/L HCl 溶液的体积数。根据需要的 pH，按照下表量取 0.1 mol/L HCl 溶液与 50 mL 0.1 mol/L 三羟甲基氨基甲烷(Tris) 溶液混合，加水稀释至 100 mL。

表 1－14　Tris－HCl 缓冲液

pH	x/mL	pH	x/mL	pH	x/mL	pH	x/mL
7.1	45.7	7.6	38.5	8.1	26.2	8.6	12.4
7.2	44.7	7.7	36.6	8.2	22.9	8.7	10.3
7.3	43.4	7.8	34.5	8.3	19.9	8.8	8.5
7.4	42.0	7.9	32.0	8.4	17.2	8.9	7.0
7.5	40.3	8.0	29.2	8.5	14.7	9.0	5.7

(13) Na_2CO_3－$NaHCO_3$ 缓冲液

表中 x 为 0.1 mol/L Na_2CO_3 溶液的体积数，y 为 0.1 mol/L $NaHCO_3$ 溶液的体积数。根据需要的 pH，按照下表量取 0.1 mol/L Na_2CO_3 溶液与0.1 mol/L $NaHCO_3$ 溶液混合，使用时按需要的比例放大倍数。Ca^{2+} 、Mg^{2+} 存在时不得使用。

表 1－15　Na_2CO_3－$NaHCO_3$ 缓冲液

pH		x/mL	y/mL	pH		x/mL	y/mL
20 ℃	37 ℃			20 ℃	37 ℃		
9.16	8.77	1	9	10.14	9.90	6	4
9.40	9.12	2	8	10.28	10.08	7	3
9.51	9.40	3	7	10.53	10.28	8	2
9.78	9.50	4	6	10.83	10.57	9	1
9.90	9.72	5	5				

(14) $NaHCO_3$－NaOH 缓冲液

表中 x 为 0.1 mol/L NaOH 溶液的体积数。根据需要的 pH，按照下表量取 0.1 mol/L

NaOH 溶液与 50 mL 0.05 mol/L $NaHCO_3$溶液混合，加水稀释至 100 mL。

表 1-16 $NaHCO_3$-NaOH 缓冲液

pH	x/mL	pH	x/mL	pH	x/mL	pH	x/mL
9.6	5.0	10.0	10.7	10.4	16.5	10.8	21.2
9.7	6.2	10.1	12.2	10.5	17.8	10.9	22.0
9.8	7.6	10.2	13.8	10.6	19.1	11.0	22.7
9.9	9.1	10.3	15.2	10.7	20.2		

2. 标准缓冲液的配制

标准缓冲液用于校准酸度计(pH 计)，此类缓冲液应有较大的稳定性，较小的温度依赖性，其试剂易于提纯。常用的标准缓冲液的 pH 分别是酸性(pH=4.00)、中性(pH=6.88)、碱性(pH=9.18)。标准缓冲液一般可保存 2～3 个月，若溶液有浑浊、发霉或沉淀等现象时，则不能继续使用。配制标准缓冲液与溶解供试品的水，应是新沸过并放冷的纯化水，其 pH 应为 5.5～7.0。

(1) pH=4.01(25 ℃)标准缓冲液

0.05 mol/L 邻苯二甲酸氢钾溶液，配制前，需将邻苯二甲酸氢钾于 110 ℃下干燥 2 h，用重蒸馏水溶解。

(2) pH=6.86(25 ℃)标准缓冲液

0.025 mol/L 磷酸二氢钾(KH_2PO_4)溶液和 0.025 mol/L 磷酸氢二钠(Na_2HPO_4)溶液，配制前需将试剂置于 110 ℃下干燥 2 h，用重蒸馏水溶解。

(3) pH=9.18(25 ℃)标准缓冲液

0.01 mol/L 硼砂溶液，硼砂($Na_2B_4O_7 \cdot 10H_2O$)用重蒸馏水溶解。

3. 常用电泳缓冲液的配制

电泳缓冲液是指在进行分子电泳时所使用的缓冲溶液，用以稳定体系酸碱度。

TAE 是使用最广泛的缓冲系统。双链线状 DNA 在该缓冲体系中的迁移率较其他缓冲体系快约 10%，超螺旋在其中电泳时更符合实际相对分子质量，电泳大于 13 kb 的片段时用 TAE 缓冲液将取得更好的分离效果，且适于 DNA 片段回收。但缓冲容量小，不适于长时间电泳(但有循环装置使两极的缓冲液得到交换时除外)。

TBE 的缓冲能力强，适于长时间电泳，且用于电泳小于 1 kb 的片段时分离效果更好。TBE 用于琼脂糖凝胶时易造成高电渗作用，并且与琼脂糖相互作用生成非共价结合的四羟基硼酸盐复合物而降低 DNA 片段的回收率，不宜在回收电泳中使用。TBE 中电泳时测出的相对分子质量会大于实际分子质量。TBE 浓缩液长时间存放易产生沉淀物，可在室温下保存 5×TBE于玻璃瓶中，若出现沉淀则弃之。0.5×TBE(即 1∶10 稀释的储存液)的使用液已具备足够的缓冲容量，目前琼脂糖凝胶电泳几乎都以 1∶10 稀释储存液作为使用液，不再使用 1∶5 稀释储存液(即 1×TBE)。聚丙烯酰胺凝胶电泳时使用 1×TBE，这是由于聚丙烯酰胺凝胶垂直槽的缓冲液槽较小，通过缓冲液的电流量较大，需要电泳液有较大的缓冲容量。分离小片段 DNA 需采用聚丙烯酰胺凝胶电泳，能分离相差 1 bp 的 DNA 片段，分辨能力很高。

TPE 的缓冲能力较强，由于磷酸盐易在乙醇沉淀过程中析出，不宜在回收 DNA 片段的电泳中使用。

碱性缓冲液应现配现用。

Tris-甘氨酸缓冲液用于 SDS-聚丙烯酰胺凝胶电泳。

表 1-17　常用电泳缓冲液

缓冲液	使用液	浓储存液/L
Tris-醋酸(TAE)	1×：0.04 mol/L Tris-乙酸 0.001 mol/L EDTA	50×：242 g Tris 碱 57.1 mL 冰醋酸 100 mL 0.5 mol/L EDTA(pH=8.0)
Tris-硼酸(TBE)	0.5×：0.045 mol/L Tris-硼酸 0.001 mol/L EDTA	5×：54 g Tris 碱 27.5 g 硼酸 20 mL 0.5 mol/L EDTA(pH=8.0)
Tris-磷酸(TPE)	1×：0.09 mol/L Tris-磷酸 0.002 mol/L EDTA	10×：108 g Tris 碱 15.5 mL 85%磷酸(1.679 g/mL) 40 mL 0.5 mol/L EDTA(pH=8.0)
碱性缓冲液	1×：50 mmol/L NaOH 1 mmol/L EDTA	1×：5 mL 10 mol/L NaOH 2 mL 0.5 mol/L EDTA(pH=8.0)
Tris-甘氨酸	1×：25 mmol/L Tris 250 mmol/L 甘氨酸 0.1% SDS	5×：15.1 g Tris 碱 94 g 甘氨酸(电泳级)(pH=8.0) 50 mL 10% SDS(电泳级)

4. 常用凝胶加样缓冲液的配制

使用凝胶加样缓冲液可以增大样品密度，确保样品均匀进入样品孔内，使样品呈现颜色，便于加样操作，利于观察电泳时色带移动，准确判断电泳速率及到达终点的时间。常用 6×缓冲液的组成为：

(1) 0.25%溴酚蓝 + 0.25%二甲苯青 FF + 40%蔗糖水溶液(*W/V*)，于 4 ℃下贮存。

(2) 0.25%溴酚蓝 + 0.25%二甲苯青 FF + 15%聚蔗糖水溶液，室温贮存。

(3) 0.25%溴酚蓝 + 0.25%二甲苯青 FF + 30%甘油水溶液，于 4 ℃下贮存。

(4) 0.25%溴酚蓝+ 40%蔗糖水溶液(*W/V*)，于 4 ℃下贮存。

(5) 在碱性 pH 条件下，溴甲酚绿的颜色比溴酚蓝鲜明，因此碱性凝胶应使用溴甲酚绿作为示踪染料。碱性加样缓冲液的组成为：300 mmol/L NaOH+6 mmol/L EDTA+18%聚蔗糖水溶液+0.15%溴甲酚绿+0.25%二甲苯青 FF。

九、标准溶液的配制和标定

1. 0.1 mol/L 标准 NaOH 溶液的配制和标定

(1) 配制 0.1 mol/L 标准邻苯二甲酸氢钾溶液：准确称取 100～125 ℃干燥的邻苯二甲酸氢钾基准试剂 10.2 g，加蒸馏水溶解并定容至 500 mL。混匀，转移到干燥洁净的具塞试剂瓶中，计算浓度，贴好标签。

(2) 0.1 mol/L NaOH 溶液的配制

不含Na_2CO_3的浓 NaOH 溶液制备：称取 110 g 分析纯 NaOH 固体，溶解，振荡，定容至500 mL。静置数日，待Na_2CO_3全部沉于底部，倾出上层清液备用，即不含Na_2CO_3的75 g/100 mL的 NaOH 溶液。

0.1 mol/L 标准 NaOH 溶液制备：取上述 NaOH 溶液 5.5 mL，定容至 1 000 mL，混匀，贮于具橡皮塞的试剂瓶中。

(3) 标定

准确量取 20 mL 0.1 mol/L 邻苯二甲酸氢钾（$KHC_8H_4O_4$）溶液，加酚酞指示剂 3～4 滴，用上述标准 NaOH 溶液滴定至微红色，记录 NaOH 溶液的滴定体积数，重复 3 份。

(4) 计算

$$c_{NaOH}(mol/L)=\frac{W}{204.2\,V}$$

式中：W 为 20 mL 邻苯二甲酸氢钾的质量，g；

V 为标准 NaOH 的体积数，mL；

204.2 为邻苯二甲酸氢钾的摩尔质量，g/mol；

c_{NaOH}为标准 NaOH 溶液准确的浓度，mol/L。

2. 0.1 mol/L 标准 HCl 溶液的配制和标定

吸取分析纯 HCl（约 12 mol/L）溶液 8.5 mL，定容至 1 000 mL。混匀，用0.1 mol/L 标准 NaOH 溶液滴定，甲基红作指示剂。

$$c_{HCl}(mol/L)=\frac{c_{NaOH}\cdot V_{NaOH}}{V_{HCl}}$$

式中：V_{NaOH}和V_{HCl}分别为 NaOH 和 HCl 的体积数，mL；

c_{NaOH}和c_{HCl}分别为 NaOH 和 HCl 溶液准确的浓度，mol/L。

3. 0.05 mol/L 标准硫代硫酸钠（$Na_2S_2O_3$）溶液的制备和标定

准确称取 0.356 7 g KIO_3溶解，定容至 100 mL，配制成标准碘酸钾溶液。

称取 50 g 硫代硫酸钠溶解于煮沸冷却的蒸馏水中，定容至 2 000 mL。

量取标准KIO_3溶液 20 mL，加 KI 1 g 及 3 mol/L H_2SO_4 5 mL，用所配制的$Na_2S_2O_3$溶液滴定至浅黄色，加 10%淀粉指示剂 3 滴，使溶液呈蓝色，继续滴定至蓝色消失。计算$Na_2S_2O_3$溶液的滴定体积和准确浓度。

$$c_{Na_2S_2O_3}=\frac{c_{KIO_3}\cdot V_{KIO_3}}{V_{Na_2S_2O_3}}=\frac{0.1\times 20}{V_{Na_2S_2O_3}}=\frac{2}{V_{Na_2S_2O_3}}$$

式中：$V_{Na_2S_2O_3}$为$Na_2S_2O_3$溶液的滴定体积数，mL。

十、生物化学实验室安全知识

在生物化学实验室学习与工作，经常与易燃易爆和有腐蚀性，甚至毒性较强的化学药品接触，使用的器皿大多数是易碎的玻璃和陶瓷制品；实验中常用水，高温电热设备和各种高、低压仪器，因此安全操作至关重要。

1. 安全用电

(1) 切忌超负荷使用电器设备,切忌用铁丝、铜丝代替易熔保险丝。实验室管理人员必须经常检查电线线路,一旦发现有绝缘胶皮老化等隐患要及时更换和维修。

(2) 要注意电学仪器的电压、电流是否符合仪器的要求,必要时需使用稳压设备。

(3) 严格按照电器使用规程操作,不能随意拆卸、玩弄电器。

(4) 绝不可用湿手或在眼睛旁视时开关电闸和电器开关。应使用试电笔检查电器设备是否漏电,或用手背轻轻触及仪器表面。凡是漏电的仪器一律不能使用。严防触电。

(5) 若不慎触电应立即切断电路,关闭电源,用木棍使导线与被害者分开,使被害者和土地分离。急救者手或脚必须绝缘,做好防止触电的安全措施。

2. 防止火灾

(1) 实验室配备一定数量的消防器材,并按消防规定保管使用。

(2) 安全用电,防止因电流短路、不安全使用电炉等不安全用电引发的火灾。

(3) 实验室内严禁吸烟。

(4) 小心使用易燃易爆物品。冰箱内严禁存放可燃液体。实验室内严禁贮存大量易燃物(如乙醚、丙酮、乙醇、苯和金属钠等)。少量的易燃物应置于远离热源和电开关的地方,妥善保管。只有在远离火源处或将火焰熄灭后,才可大量倾倒这些液体。低沸点的有机溶剂严禁在火焰上直接加热,只能利用带回流冷凝管的装置在水浴上加热或蒸馏。

(5) 若不慎洒出相当量的易燃液体,则应按以下方法处理:立即切断室内所有的火源和电加热器的电源;关门并开启窗户;用毛巾或抹布擦拭洒出液体,并将液体回收到大的具塞瓶内。

(6) 易燃易爆物质的残渣或有机废液应收集在指定的容器内,严禁倒入污物桶或水槽中。

(7) 实验室一旦发生火灾,应保持镇静,切勿惊慌失措。首先立即切断室内一切火源和电源。然后根据具体情况积极正确地进行抢救和灭火。

若可燃液体燃着,应立刻转移着火区域的一切可燃物质。关闭通风器,防止扩大燃烧。若着火面积较小,可用石棉布、湿布、铁片或沙土覆盖,隔绝空气使之熄灭。但覆盖时要轻,避免碰坏或打翻盛有易燃溶剂的玻璃器皿,导致更多的溶剂流出而再着火。

若酒精及其他可溶于水的液体着火,可用水灭火。

若乙醚、甲苯等有机溶剂着火,应用石棉布或沙土扑灭,严禁用水扑火。否则会扩大燃烧面积。

若导线着火,切勿用水及二氧化碳灭火器,应切断电源或用四氯化碳灭火器。

较大的着火事故应立即报警。

3. 避免灼伤和创伤

灼伤是指由于热力或化学物质作用于身体,引起局部组织损伤,并通过受损的皮肤、黏膜组织导致全身病理生理改变;有些化学物质还可以被创面吸收,引起全身中毒。浓酸、浓碱腐蚀性很强,必须极为小心地操作。用吸量管量取这些试剂及有毒物质时,必须使用洗耳球,严禁口吸。避免因火焰、高温、辐射、电击或腐蚀性物质而造成的伤害。使用玻璃、金属器材时注意防止割伤及机械创伤。

如果不慎烫伤,伤处红痛或红肿(一级灼伤),可擦医用橄榄油;如皮肤起泡(二级灼伤),不要弄破水泡，防止感染；若伤处皮肤呈棕色或黑色（三级灼伤），应用干燥而无菌的消毒纱布轻轻包扎好，急送医院治疗。

如果氢氧化钠、氢氧化钾等强碱触及皮肤而引起灼伤，应先用大量自来水冲洗，再用5%硼酸溶液或2%乙酸溶液涂洗。

如果强酸、溴等触及皮肤而致灼伤，应立即用大量自来水冲洗，再用5%碳酸氢钠溶液或5%氢氧化铵溶液洗涤。

如果酚触及皮肤引起灼伤，可用酒精洗涤。

如果玻璃割伤及其他机械损伤，首先必须检查伤口内有无玻璃或金属物等碎片，然后用硼酸水洗净，再涂擦碘酒或红药水，必要时用纱布包扎。若伤口较大或过深而大量出血，应迅速在伤口上部和下部扎紧血管止血，立即到医院诊治。

4. 预防生物危害

(1) 微生物、动物组织、细胞培养液、血液和分泌物等生物材料可能存在细菌和病毒感染的潜伏性危险，需谨慎、小心地处理各种生物材料，实验后用肥皂、洗涤剂或消毒液充分洗净双手。

(2) 若微生物作为实验材料，尤其要注意安全和清洁卫生。被污染的玻璃用具用后立即浸泡在消毒液中，被污染的物品必须进行高压消毒或烧成灰烬。

(3) 根据有关规定加强遗传重组和生物诱变实验的生物危害的防范措施。

(4) 人的血液、血产品和组织可能含有隐藏的传染性物质，具有生物学危险，注意安全操作。要戴上一次性的手套和护目镜，穿上工作服，使用机械移液设备，在气流流动的橱内或者生物学安全柜内操作，预防发生烟雾并在处理废品前进行消毒。污染的塑料制品经高压消毒后再处置，污染的液体经高压消毒或用体积分数为10%的漂白剂至少处理30 min后再扔掉。

(5) 紫外辐射具有诱变性和致癌性，应严格按照操作规程处理紫外光下的物品。

5. 生物化学实验室常用化学试剂使用的安全注意事项

化学试剂分为相对无毒、中度毒性和剧毒几类，在处理剧毒药物时要特别谨慎小心。使用毒性物质、诱变剂和致癌物时，严格按试剂瓶标签说明操作，安全称量、转移和保管。操作时应戴手套，必要时戴口罩或防毒面罩，并在通风橱中进行。沾有毒性、诱变剂、致癌物的容器应单独清洗、处理。有毒物质应按实验室的规定，办理审批手续后领取，并妥善保管。

(1) 涉及浓酸和浓碱的操作应十分小心，易挥发的浓酸应在化学试剂通风橱中操作。

(2) 水银温度计、气量计等汞金属设备破损时，应立即采取措施回收汞，并在污染处撒上一层硫黄粉以防汞蒸汽中毒。

(3) 木瓜蛋白酶抑制剂、胃蛋白酶抑制剂和亮抑蛋白酶肽对人体可能有害，避免吸入或触及皮肤。抑蛋白酶肽可能会引起过敏反应，触及皮肤可能会引起胃肠不良反应、肌肉疼痛、血压变化和支气管痉挛。

(4) 取用以下常用化学物质时，应戴上手套和安全镜，避免直接接触皮肤，并在化学试剂通风橱中进行操作。

表 1-18 常用化学试剂的不安全性

化学物质名称	作用后果
BrdU(5-溴脱氧尿嘧啶核苷)	诱变剂
DAPI(4′,6-二脒基-2-苯基吲哚)	能够与DNA强力结合的荧光染料,常用于荧光显微镜观测,可能是致癌物,能引起有害的刺激反应
DEPC(焦碳酸二乙酯)	高活性的烷基化试剂,常用做核酸酶抑制剂、组氨酸残基修饰剂等,是强力蛋白变性剂和致癌物
PMSF(苯甲基磺酰氟)	剧毒的蛋白酶抑制剂,对呼吸道黏膜、眼睛和皮肤具有极度的损害作用,可能具有致命性
β-巯基乙醇	吸入或通过皮肤吸收是致命的,高浓度巯基乙醇对眼睛、黏膜、上呼吸道和皮肤具有极大的危害
乙醚	中枢神经抑制剂,具有麻醉效应。吸入摄取或通过皮肤吸收有害,对眼睛、黏膜和皮肤有刺激效应
丁醇及其异构体	对黏膜、上呼吸道、皮肤,特别是眼睛有刺激效应
二甲苯	可能引起麻醉效应,对肺的刺激作用、胸疼和水肿
三乙胺	对眼睛、皮肤、黏膜和上呼吸道具有强腐蚀性
甲醇	能引起眼睛失明
甲苯	气态对眼睛、皮肤、黏膜和上呼吸道具有刺激效应
甲酚和苯酚	具有强腐蚀性,对呼吸道黏膜、眼睛和皮肤具有极大的危害性,可能危害肾和眼睛,可能具有致命性,接触可能会引起烧伤,与酚接触的皮肤应用大量的水和肥皂水清洗,切勿用乙醇洗
甲醛	具有毒性,也是致癌物,可被皮肤吸收产生刺激效应
甲酰胺	胎儿畸形诱发源,气态对眼睛、黏膜、上呼吸道和皮肤有刺激效应
戊二醛	具有毒性,随时可被皮肤吸收,对眼睛、黏膜、上呼吸道和皮肤会产生刺激效应
吡啶	对眼睛、黏膜、上呼吸道和皮肤极度有害,可能是诱变剂。应远离热源和火焰
溴化乙锭	强诱变剂,具有中度毒性
羟胺	对眼睛、黏膜、上呼吸道和皮肤具有极大的危害,吸入可能致命
氨甲蝶呤	致癌物和胎儿畸形诱发源,吸入、摄取或通过皮肤吸收都有害,接触可能引起胃肠副效应,损伤肝或肾
氯仿	致癌物,可能损伤肝和肾,对黏膜、上呼吸道、皮肤,特别是眼睛有刺激效应
脱氨胆酸钠	对黏膜和上呼吸道有刺激效应
高氯酸钠	对眼睛、黏膜和上呼吸道有刺激效应。高氯酸钠是强氧化剂,与其他物品接触时可能引起着火
硅烷,苯二胺和SDS(十二烷基磺酸钠)	具有毒性

第二章　基础性实验

第一节　糖组分鉴定及糖定量分析

实验一　3,5-二硝基水杨酸比色法测定还原糖和总糖含量

一、目的

了解和掌握3,5-二硝基水杨酸比色法测定还原糖和总糖的基本原理，学习比色法测定还原糖的操作方法和分光光度计的使用。

植物体内的还原糖主要是葡萄糖、果糖和麦芽糖，还原糖在植物体内的分布，不仅反映植物体内碳水化合物的运转情况，而且也是合成其他成分碳架来源和呼吸作用的基质。此外，粮食、水果、蔬菜中含糖量的多少也是鉴定其品质的重要指标。其他碳水化合物，如淀粉、蔗糖等，经水解也生成还原糖。因此，测定还原糖的方法在研究植物体内生理生化变化和测定植物体内碳水化合物方面都是很重要的。

二、原理

还原糖的测定是糖定量测定的基本方法。还原糖是指含有自由醛基或酮基的糖类，单糖都是还原糖，常见双糖中乳糖和麦芽糖是还原糖，蔗糖和多糖是非还原糖。利用糖的溶解度不同，可将植物样品中的单糖、双糖和多糖分别提取出来，对没有还原性的双糖和多糖，可用酸水解法使其降解成有还原性的单糖进行测定，再分别求出样品中还原糖和总糖的含量(还原糖以葡萄糖含量计)。

还原糖在碱性条件下加热被氧化成糖酸及其他产物，3,5-二硝基水杨酸则被还原为棕红色的3-氨基-5-硝基水杨酸。在一定范围内，还原糖的量与棕红色物质颜色的深浅成正比，利用分光光度计，在540 nm波长下测定吸光度值(光密度值)，查标准曲线并计算，即可求出样品中还原糖和总糖的含量。由于多糖水解为单糖时，每断裂一个糖苷键需加入一分子水，所以在计算多糖含量时应乘以0.9。

COOH, OH, O_2N, NO_2 + 还原糖 $\xrightarrow[\text{碱　性}]{\text{加　热}}$ COOH, OH, O_2N, NH_2 + 糖酸

3,5-硝基水杨酸(黄色)　　　3-氨基-5-硝基水杨酸(棕红色)

三、实验材料、主要仪器和试剂

1. 实验材料

小麦面粉，精密 pH 试纸。

2. 主要仪器

具塞玻璃刻度试管：20 mL×11；大离心管：50 mL×2；烧杯：100 mL×1；三角瓶：100 mL×1；容量瓶：100 mL×3；刻度吸管：1 mL×1，2 mL×2，10 mL×1；恒温水浴锅；沸水浴；离心机；分析天平；分光光度计。

3. 试剂

(1) 1 mg/mL 葡萄糖标准液

准确称取 80 ℃烘至恒重的分析纯葡萄糖 100 mg，置于小烧杯中，加少量蒸馏水溶解后，转移到 100 mL 容量瓶中，用蒸馏水定容至 100 mL，混匀，置于 4 ℃冰箱中保存备用。

(2) 3,5-二硝基水杨酸(DNS)试剂

将 6.3 g DNS 和 262 mL 2 mol/L NaOH 溶液，加到 500 mL 含有 185 g 酒石酸钾钠的热水溶液中，再加 5 g 结晶酚和 5 g 亚硫酸钠，搅拌溶解，冷却后加蒸馏水定容至 1 000 mL，贮于棕色瓶中备用。

(3) 碘-碘化钾溶液：称取 5 g 碘和 10 g 碘化钾，溶于 100 mL 蒸馏水中。

(4) 酚酞指示剂：称取 0.1 g 酚酞，溶于 250 mL 70%乙醇中。

(5) 6 mol/L HCl 和 6 mol/L NaOH 各 100 mL。

四、操作步骤

1. 制作葡萄糖标准曲线

取 7 支 20 mL 具塞刻度试管编号，按表 2-1 分别加入浓度为 1 mg/mL 的葡萄糖标准液、蒸馏水和 3,5-二硝基水杨酸(DNS)试剂，配成不同葡萄糖含量的反应液。

表 2-1　葡萄糖标准曲线制作

管　号	1 mg/mL 葡萄糖标准液/mL	蒸馏水/mL	DNS/mL	葡萄糖含量/mg	吸光度值 $A_{540\ nm}$
0	0	2	1.5	0	
1	0.2	1.8	1.5	0.2	
2	0.4	1.6	1.5	0.4	
3	0.6	1.4	1.5	0.6	
4	0.8	1.2	1.5	0.8	
5	1.0	1.0	1.5	1.0	
6	1.2	0.8	1.5	1.2	

将各管摇匀，在沸水浴中准确加热 5 min，取出，冷却至室温，用蒸馏水定容至 20 mL，加塞后颠倒混匀，在分光光度计上进行比色。调波长 540 nm，用 0 号管调零点，测出 1～6 号管的吸光度值。以吸光度值 $A_{540\ nm}$ 为纵坐标，葡萄糖含量(mg)为横坐标，绘出标准曲线(坐标纸作图或 Excel 作图)。

2. 样品中还原糖和总糖的测定

(1) 还原糖的提取

准确称取 3.00 g 面粉，放入 100 mL 烧杯中，先用少量蒸馏水调成糊状，然后加入 50 mL 蒸馏水，搅匀，置于 50 ℃恒温水浴中保温 20 min，使还原糖浸出。将浸出液（含沉淀）转移到 50 mL 离心管中，于 4 000 r/min 下离心 5 min，沉淀可用 20 mL 蒸馏水洗一次，再离心，将二次离心的上清液收集在 100 mL 容量瓶中，用蒸馏水定容至刻度，混匀，作为还原糖待测液。

(2) 总糖的水解和提取

准确称取 1.00 g 面粉，放入 100 mL 三角瓶中，加 15 mL 蒸馏水和 10 mL 6 mol/L HCl，置沸水浴中加热水解 30 min（水解是否完全可用碘-碘化钾溶液检查）。待三角瓶中的水解液冷却后，加入 1 滴酚酞指示剂，用 6 mol/L NaOH 中和至微红色，用蒸馏水定容在 100 mL 容量瓶中，混匀。将定容后的水解液过滤，取滤液 10 mL，移入另一 100 mL 容量瓶中定容，混匀，作为总糖待测液。

(3) 显色和比色

取 4 支 20 mL 具塞刻度试管，编号，按表 2-2 所示分别加入待测液和显色剂，空白调零可使用制作标准曲线的 0 号管。加热、定容和比色等其余操作与制作标准曲线相同。

表 2-2　样品还原糖测定

管　号	还原糖待测液/mL	总糖待测液/mL	蒸馏水/mL	DNS/mL	吸光度值（$A_{540\ nm}$）	查曲线葡萄糖量/mg
0	0	0	2	1.5		
7	0.5		1.5	1.5		
8	0.5		1.5	1.5		
9		1	1	1.5		
10		1	1	1.5		

五、结果与计算

计算出 7、8 号管吸光度值 $A_{540\ nm}$ 的平均值和 9、10 管吸光度值 $A_{540\ nm}$ 的平均值，在标准曲线上分别查出相应的还原糖毫克数，按下式计算出样品中还原糖和总糖的百分含量。

$$\text{还原糖}(\%)=\frac{\text{查曲线所得葡萄糖毫克数}\times\dfrac{\text{提取液总体积}}{\text{测定时取用体积}}}{\text{样品毫克数}}\times 100$$

$$\text{总糖}(\%)=\frac{\text{查曲线所得水解后还原糖毫克数}\times\text{稀释倍数}}{\text{样品毫克数}}\times 0.9\times 100$$

六、注意事项

(1) 离心时需保持平衡，对称位置的离心管必须保证质量平衡。

(2) 标准曲线制作与样品测定需使用同一台仪器，应同时进行显色，并使用同一空白组调零点和比色。

七、思考题

(1) 3,5 -二硝基水杨酸比色法是如何对总糖进行测定的?

(2) 如何正确绘制和使用标准曲线?

实验二　蒽酮比色法测定总糖

一、目的

了解和掌握蒽酮比色法测定总糖的原理和操作方法,学习比色法测定总糖的操作方法和分光光度计的使用。

二、原理

总糖是指样品中的还原糖及非还原糖的总量。在本法测定条件下,总糖包括样品中的还原单糖、能水解为还原单糖的低聚糖和可部分水解为单糖的多糖。

蒽酮比色法是一个快速而简便的定糖方法。其原理是在较高温度下强酸可使糖类脱水生成糠醛或糠醛衍生物,生成的糠醛或羟甲基糖醛与蒽酮脱水缩合,形成蓝绿色化合物。该物质在 620 nm 处有最大吸收。在 10～100 μg 范围内其颜色的深浅与可溶性糖含量成正比。

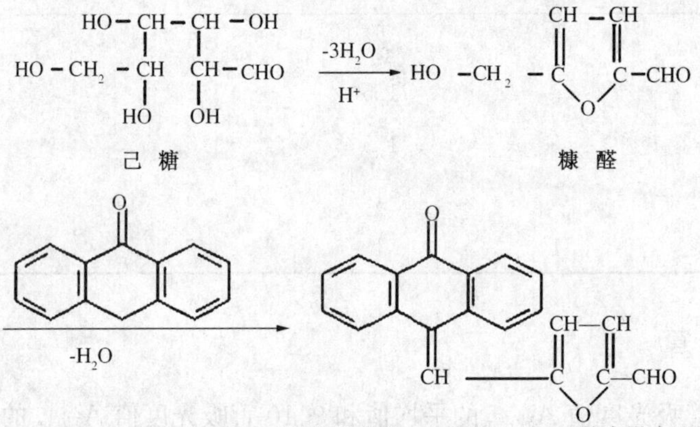

$HO-CH_2-CH(OH)-CH(OH)-CH(OH)-CH(OH)-CHO \xrightarrow[H^+]{-3H_2O} HO-CH_2-C_4H_2O-CHO$

己 糖　　　　糖 醛

$\xrightarrow{-H_2O}$

(糖醛衍生物,亮绿色,620 nm 处有最大吸收)

蒽酮也可与其他一些糖类发生反应,但显现的颜色不同。当样品中存有含较多色氨酸的蛋白质时,反应不稳定,呈现红色。对于以上特定的糖类,反应较稳定。本法多用于测定糖原含量,亦可用于测定葡萄糖含量。本法测定样品不必水解。

这一方法有很高的灵敏度,糖含量在 30 μg 左右就能进行测定,所以可作为微量测糖之用。一般样品少的情况下,采用这一方法比较合适。

三、实验材料、主要仪器和试剂

1. 实验材料

玉米淀粉,配制成 0.1 g/L(0.1 mg/mL)淀粉溶液。

2. 主要仪器

分光光度计；电炉；烧杯：1 000 mL × 2；大试管（或具塞试管）：7 支 或 11 支；试管架，试管夹；容量瓶：1 000 mL×1；刻度吸管：1 mL×3，10 mL×1；制冰机。

3. 试剂

葡萄糖标准液：0.1 g/L（0.1 mg/mL）；浓硫酸；蒽酮试剂：称取 0.1 g（100 mg）蒽酮溶于 100 mL 98%浓 H_2SO_4（AR）中，当日配制使用。

四、操作步骤

1. 葡萄糖标准曲线的制作

取 7 支具塞试管，按下表数据配制一系列不同浓度的葡萄糖溶液：

表 2－3　葡萄糖标准曲线制作

管　号	1	2	3	4	5	6	7
葡萄糖标准液/mL	0	0.1	0.2	0.3	0.4	0.6	0.8
蒸馏水/mL	1	0.9	0.8	0.7	0.6	0.4	0.2
蒽酮试剂/mL	10	10	10	10	10	10	10
葡萄糖含量/μg	0	10	20	30	40	60	80
吸光度值 $A_{620\ nm}$							

每管中加入葡萄糖标准溶液和水后立即混匀，迅速置于冰浴，待各管都加入蒽酮试剂后，同时置于沸水浴中，加盖，以防蒸发。自水浴重新煮沸起，准确煮沸 7 min 取出，立即置于冰浴中冷却，冷却至室温后。用 1 cm 比色皿，在 620 nm 波长下比色。以第一管为空白调零，迅速测定其他各管的吸光度值。以标准葡萄糖含量（μg）作横坐标，以吸光值（$A_{620\ nm}$）作纵坐标，绘出标准曲线（坐标纸作图或 Excel 作图）。

2. 样品中含糖量的测定

取 4 支具塞试管，按下表进行操作。操作过程同标准曲线制作。

表 2－4　样品还原糖测定

管　号	1	2	3	4
样品溶液/mL	0	1.0	1.0	1.0
蒸馏水/mL	1.0	0.0	0.0	0.0
蒽酮试剂/mL	10	10	10	10
吸光度值 $A_{620\ nm}$				

将 2～4 管测定的 $A_{620\ nm}$，计算吸光度的平均值，在标准曲线上查出葡萄糖的含量（μg）。换算成 100 g 样品的总糖含量。

五、结果与计算

(1) 标准曲线的绘制。

(2) 查标准曲线得样品含量,并换算。

六、注意事项

(1) 该显色反应非常灵敏,溶液中切勿混入纸屑及尘埃。

(2) 必须在冰浴条件下加入蒽酮试剂,防止过度发热,避免糖在高温下焦糖化,保证显色反应的开始时间一致。

(3) 浓硫酸要用高纯度的,注意提高浓硫酸使用的安全性意识,相关的器具要及时清洗。

(4) 不同糖类与蒽酮的显色有差异,稳定性也不同。加热、比色时间应严格掌握。

七、思考题

(1) 用蒽酮比色法测定样品中糖含量时应该注意哪些问题?为什么?

(2) 用水提取的糖类有哪些?

(3) 样品中的还原糖是否可以用乙醇提取?如果可以,操作中有哪些注意点?

实验三　葡萄糖氧化酶法测定血糖含量

一、目的

了解和掌握葡萄糖氧化酶法测定血糖的原理和方法。

二、原理

葡萄糖在葡萄糖氧化酶催化下与氧和水作用生成葡萄糖酸和过氧化氢;过氧化氢在过氧化物酶的催化下,与 4-氨基安替吡啉反应生成紫红色的化合物醌亚胺。醌亚胺在 480~550 nm范围内有最大光吸收峰,且醌亚胺的量与血糖含量成正比,从而实现血糖的定量。此反应又称为 Trinder 反应。

$$\text{葡萄糖} + O_2 + H_2O \xrightarrow{\text{葡萄糖氧化酶}} \text{葡萄糖酸} + H_2O_2$$

$$H_2O_2 + 4\text{-氨基安替吡啉} \xrightarrow{\text{过氧化物酶}} \text{紫红色复合物}$$

三、实验材料、主要仪器和试剂

1. 实验材料

新鲜无溶血动物血浆或血清。

2. 主要仪器

恒温水浴锅;分光光度计;烧杯:1 000 mL×2;大试管(或具塞试管):5 支;试管架,试管夹;容量瓶:100 mL×3;刻度吸管:1 mL×3, 5 mL×1。

3. 试剂

(1) 磷酸盐缓冲液(pH 7.0)

(2) 酶试剂:葡萄糖氧化酶 400 U,过氧化物酶 400 U,4-氨基安替吡啉10 mg,叠氮钠 100 mg,用磷酸盐缓冲液溶解,定容至 100 mL,调 pH 至 7.0。于 4 ℃冰箱中保存备用。

(3) 酚试剂:称取 100 mg 酚溶于蒸馏水中,定容至 100 mL。

(4) 酶混合试剂:取酶试剂与酚试剂等量混合,于 4 ℃冰箱中保存备用。

(5) 葡萄糖标准贮存液:0.11 mol/L。准确称取 80 ℃烘至恒重的分析纯葡萄糖 2 g,用 0.25%苯甲酸溶液溶解,定容至 100 mL。2 h 以后方可使用。

(6) 葡萄糖标准应用液:5.5 mmol/L。取 5 mL 贮存液,用 0.25%苯甲酸稀释,定容至 100 mL,随配随用。

四、操作步骤

取 5 支试管,按下表操作。

表 2-5　血糖含量测定

管　号	1	2	3	4	5
蒸馏水/mL	0.1				
葡萄糖标准应用液/mL		0.1	0.1		
血清/mL				0.1	0.1
酶混合试剂/mL	5.0	5.0	5.0	5.0	5.0
混合后,于 37 ℃水浴 15 min,用空白管调零,505 nm 处比色,记录吸光度值					

五、结果与计算

1 号管为空白对照管,2 号和 3 号管是葡萄糖标准应用液,4 号和 5 号管是血清样品。分别读取标准管及测定管吸光度,血糖浓度按下式计算。

$$\text{血糖浓度(mmol/L)}=\frac{\text{测定管吸光度}}{\text{标准管吸光度}}\times 5.5\times 10^{-3}\times 0.1\times\frac{1\,000}{0.1}$$

$$=\frac{\text{测定管吸光度}}{\text{标准管吸光度}}\times 5.5$$

六、注意事项

(1) 葡萄糖氧化酶催化反应的最适 pH 范围是 6.5～8.0。若 pH 接近 6.5,反应终点吸光度值略有下降,故操作时控制 pH 在 7.0 左右;若酶液 pH 在 5.5 左右,明显呈酸性时,需用稀碱液(1 mol/L NaOH)调整 pH。

(2) 温度对本法有影响,冷藏的试剂需待升温至室温时再测定。

(3) 葡萄糖氧化酶对 β-D 葡萄糖具有特异性。溶液中同时存在 α-葡萄糖和 β-葡萄糖,葡萄糖的完全氧化需要 α 型到 β 型的变旋反应,而新配制的葡萄糖标准液主要是 α 型,因此须放置 2 h 以上(最好过夜),待变旋平衡后再使用。

七、思考题

(1) 酶法反应对环境的要求有哪些?

(2) 如何控制环境因素的影响?

(3) 测定血液中葡萄糖的方法有哪些?

实验四　纸上色谱法鉴定多糖的单糖组成

一、目的

了解和掌握纸上色谱法(纸层析)鉴定混合单糖样品中各种单糖成分的方法。

二、原理

纸上色谱法又称为纸层析,利用物质在两种或两种以上不同的混合溶剂中的溶解度不同达到分离的目的。该法以滤纸作为支持物,溶剂系统由有机溶剂和水组成,水和滤纸纤维素的亲和力较强,因而其扩散作用降低形成固定相,有机溶剂和滤纸亲和力较弱,形成流动相。在一定条件下,一种物质在某种溶剂系统中的溶解度等于溶质在固定相的浓度与溶质在流动相的浓度之比。由于混合液中各种单糖在不同溶剂中的溶解度不同,其在两相中的溶解数量及移动速率就不同,从而达到分离的目的。

采用乙酸乙酯-冰醋酸-水为溶剂,实现糖混合物的色谱分离。用硝酸银显色斑,与已知糖的标准混合物作对比,可以鉴定单糖混合物及多糖水解产物中单糖的组成。

三、实验材料、主要仪器和试剂

1. 实验材料

无蛋白多糖样品,准确称量无蛋白多糖样品,按 0.1 mg/mL 浓度配制。另取 10 mg 无蛋白多糖样品一份,用 6 mol/L HCl 水解 6 h,再用 5 mol/L NaOH 中和,备用。

多糖中通常含有蛋白质,可以采用 Sevag 法、三氯乙酸法等方法脱除蛋白,制备无蛋白多糖样品。

2. 主要仪器

色谱缸(层析缸);层析滤纸;玻璃毛细管数支。

3. 试剂

(1) 乙酸乙酯-冰醋酸-水(3∶1∶3)。

(2) 标准糖溶液:称取等量的葡萄糖、果糖、乳糖、麦芽糖、蔗糖、半乳糖、甘露糖和阿拉伯糖,用蒸馏水溶解,制成标准糖混合液。

(3) 氢氧化钠乙醇溶液:按照 0.5 mol/L 的浓度,将 NaOH 溶于 95% 乙醇中。

(4) 显色剂(硝酸银丙酮饱和液):将 12 g 硝酸银溶于 10 mL 水中,转入2 000 mL 丙酮中,然后加入一定量水使沉淀消失。

(5) 定影剂(硫代硫酸钠溶液):0.5 mol/L 硫代硫酸钠溶液。

四、操作步骤

按照 6 cm×30 cm 大小裁剪滤纸，在距离纸条端 2 cm 处画一横线为点样端。用玻璃毛细管将多糖样品水解液点于滤纸上，同时于试液点旁点一滴已知组分的标准单糖混合液，于空气中待其干燥。然后将滤纸条置于层析缸中层析 6～8 h，取出，于空气中干燥。将纸条在显色剂中浸泡一下，并悬于空气中数分钟，使丙酮蒸发。再用 0.5 mol/L NaOH－95%乙醇液喷雾于滤纸上至完全润浸并显出色斑，干燥 15 min，浸入 0.5 mol/L 硫代硫酸钠溶液中定影，固定显影所得的影像。

五、结果与分析

标准单糖混合物色斑由下向上的顺序是：乳糖、麦芽糖、蔗糖、半乳糖、葡萄糖、甘露糖、果糖、阿拉伯糖。与已知组分的标准单糖混合物所显的色斑对比，就可鉴定多榜样品中单糖的成分。

六、注意事项

(1) 多糖样品酸水解后，可直接使 HCl 蒸发，然后滴加少量水继续赶酸，重复几次，待酸除净后，直接点样。

(2) 多糖样品的酸水解液浓度控制在 1%左右，不宜太大，否则色斑太大、太浓。若样品浓度未知，可以按浓度梯度方式进行色斑试验。

(3) 须在通风橱内操作 NaOH 乙醇液喷雾，并采取相应防护措施。

七、思考题

(1) 多糖水解方法有哪些？

(2) 糖的纸上色谱鉴定法显色反应原理是什么？操作关键有哪些？

(3) 为何要使用无蛋白多糖样品？

第二节　脂质分离及定量分析

实验五　索氏提取法测定芝麻中粗脂肪的含量

一、目的

学习和掌握用索氏提取器提取粗脂肪的原理和方法；学习和掌握用重量法对粗脂肪进行定量测定。

二、原理

脂肪广泛存在于油料植物种子和果实中，测定脂肪的含量，可以鉴别其品质的优劣，也是油料作物选种和种质资源调查的常规测定项目。脂肪不溶于水,易溶于有机溶剂(如石油醚)。利用这一特性,选用有机溶剂直接浸提出样品中的脂肪进行测定,脂肪的提取就是利用其易溶于有机溶剂的特性。用无水乙醚或石油醚等有机溶剂对样品中的脂类物质进行提取。抽提后,蒸去溶剂所得的物质称为粗脂肪。粗脂肪是脂肪类物质的混合物,除脂肪外还含有色素及挥发油、游离脂肪酸、磷脂、固醇、芳香油、有机酸、蜡、树脂等物质(脂溶性)等。本实验采用索氏提取器抽提芝麻等油料作物种子的脂肪,由于采用沸程低于 60 ℃的有机溶剂,抽提法所得的脂肪为游离脂肪,不能抽提出样品中的结合状态的脂类。索氏提取器装置见图2-1。

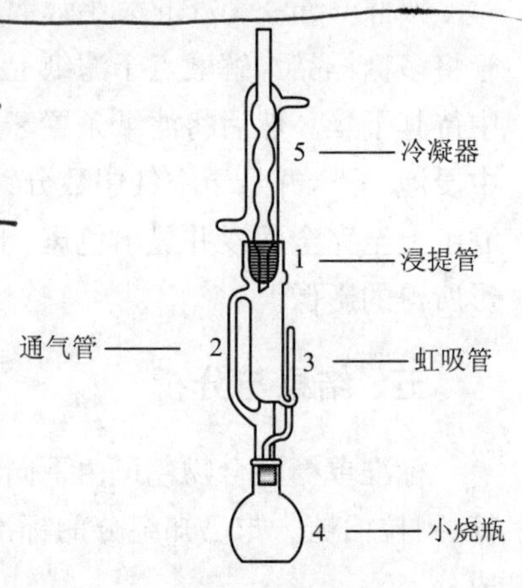

图 2-1 索氏脂肪提取器

索氏提取器由提取瓶(小烧瓶 4)、提取管(浸提管 1)、冷凝器 5 三部分组成,提取管两侧分别有虹吸管 3 和连接管(通气管 2)。

各部分连接处要严密不能漏气。提取时,将待测样品包在脱脂滤纸包内,放入提取管内。提取瓶内加入石油醚,加热提取瓶,石油醚气化,由连接管上升进入冷凝器,凝成液体滴入提取管内,浸提样品中的脂类物质。待提取管内石油醚液面达到一定高度,溶有粗脂肪的石油醚经虹吸管流入提取瓶。流入提取瓶内的石油醚继续被加热气化、上升、冷凝,滴入提取管内,如此循环往复,直到抽提完全为止。

三、实验材料、主要仪器和试剂

1. 实验材料

芝麻、大豆、花生、蓖麻、向日葵等油料作物种子。

2. 主要仪器

索氏提取器(50 mL);恒温水浴锅;分析天平;烘箱;烧杯;干燥器;脱脂滤纸;镊子;脱脂棉;铁架台。

3. 试剂

石油醚(化学纯,沸程 30~60 ℃)。

四、操作步骤

1. 样品的处理

将洗净、晾干的芝麻种子放在 80~100 ℃烘箱中烘 4 h,置于干燥器中冷却至室温。

2. 样品的称量

将样品于研钵中研磨,准确称取 1~2 g 研碎的样品,用已称重的脱脂滤纸包住,用脱脂棉线扎成"井"字形,保证样品不会漏出(或用特制的滤纸斗装样品后,斗口用脱脂棉塞好),放入索氏提取器的提取管内,最后再用石油醚洗净研钵后倒入提取管内。

3. 仪器安装及浸提

连接浸提管和烧瓶,将浸提管与烧瓶放入恒温水浴锅中,浸提管上口用铁架台固定。

提取瓶内加入石油醚，添加量约为瓶容积的$\frac{1}{2}\sim\frac{2}{3}$。连接提取器各部分，接口处不能漏气。接上冷凝管，在冷凝管上端放上一个塞有棉花的小漏斗，冷凝管下端接进水管，冷凝管上端接出水管，通入冷凝水。用 70～80 ℃恒温水浴加热提取瓶，石油醚不断冷却后，滴入浸提管中。当液面超过虹吸管时，石油醚即从虹吸管重新回流到烧瓶中，完成一次回流过程。控制温度，保证回流速度为每小时 3～5 次。水浴加热 2～4 h，使石油醚每小时循环 10～20 次，回流速率可以通过调节水浴温度控制，直至抽提管内的石油醚用滤纸检验无油迹为止。检验方法为：从提取管内吸取少量的乙醚并滴在干净的滤纸上，待乙醚挥发后，滤纸上不留有油脂痕迹，则表示已经提取完全。

4. 清洗提取管及回收溶剂

回流结束，待石油醚完全回流到平底烧瓶后，取出滤纸包，再回流一次，用以洗涤提取管。随后，继续加热蒸馏，待提取管内石油醚液面接近虹吸管上端而未流入平底烧瓶前，取下浸提管，倒出并回收浸提管中的石油醚；反复多次，直至提取瓶中石油醚完全蒸完；取下提取瓶。利用这种方法可以充分回收石油醚。

5. 称重并计算结果

将滤纸包放入烘箱中，于 105 ℃下烘干至恒重，取出，放入干燥器中冷却至室温，称重，记录重量。由质量差可以计算出样品中粗脂肪的含量。

五、结果与计算

$$粗脂肪(\%)=\frac{m_1-m_2}{m}\times 100$$

式中：m 是样品芝麻的质量，g；

m_1是提取前滤纸质量与样品质量之和，g；

m_2是提取后滤纸质量与样品质量之和，g。

六、注意事项

(1) 样品应干燥后研细，装样品的滤纸筒一定要紧密，不能漏样。待测样品若是液体，应将一定体积的样品滴在脱脂滤纸上在 60～80 ℃烘箱中烘干后放入提取管内。

(2) 滤纸筒放人提取管内时，勿使滤纸筒高于提取管的虹吸部分。否则乙醚不易穿透样品，脂肪不能全部提出，造成误差。

(3) 提取时水浴温度不宜过高，一般使乙醚刚开始沸腾即可(约 45 ℃左右)。回流速度以每 8～12 次/h 为宜。

(4) 若用乙醚抽提，必须使用无水乙醚，如含有水分则可能将样品中的糖以及无机物抽出，造成误差。

(5) 冷凝管上端最好连接一个氯化钙干燥管，防止空气中水分进入，避免醚类挥发，防止实验室微小环境空气的污染。如无此装置，塞一团干脱脂棉球亦可。

(6) 切忌使用明火加热。

(7) 若采用提取瓶称重法，则将提取瓶放在烘箱内干燥时，瓶口向一侧倾斜 45°放置，使挥发物溶剂易与空气形成对流,加速干燥。样品及醚提出物在烘箱内烘干时间不要过长,否则易导致不饱和脂肪酸氧化,影响结果。在没有真空干燥箱的条件下,可以在 100～105 ℃下干燥 1.5～3 h。

七、思考题

(1) 索氏提取法提取的为什么是粗脂肪?
(2) 如何保证实验装置不漏气?
(3) 本实验从安全角度出发应该注意什么?从结果准确角度出发应该注意什么?

实验六 邻苯二甲醛法测定血清总胆固醇的含量

一、目的

了解和掌握邻苯二甲醛法测定血清总胆固醇的原理和方法。

二、原理

血清胆固醇测定是动脉粥样硬化性疾病防治、临床诊断和营养研究的重要指标。正常人血清胆固醇含量范围 100～250 mg/mL。胆固醇是环戊烷多氢菲的衍生物,参与血浆蛋白的组成,也是细胞的必要结构成分,还可以转化成胆汁酸盐、肾上腺皮质激素和维生素 D 等。胆固醇在体内以游离胆固醇及胆固醇酯两种形式存在,统称总胆固醇。总胆固醇的测定有化学比色法和酶学方法两类。磷硫铁法和邻苯二甲醛法都属于化学比色法。

胆固醇及其酯在硫酸作用下与邻苯二甲醛产生紫红色物质,该反应具有敏感度高、特异性强、稳定性好等优点。紫红色产物在 550 nm 波长处有最大光吸收,颜色产物也比较稳定。胆固醇含量在 400 mg/100 mL 以内时,与光吸收值呈良好线性关系,可用比色法实现总胆固醇的定量测定。

三、实验材料、主要仪器和试剂

1. 实验材料

动物血清,0.1 mL 血清以冰醋酸稀释至 4.00 mL。

2. 主要器材

分光光度计;试管:1.5×15 cm,12 支;试管架、试管夹;刻度吸管:0.1 mL×1,0.5 mL×5, 10 mL×1。

3. 试剂

(1) 邻苯二甲醛试剂:称取邻苯二甲醛 50 mg,以无水乙醇溶解,定容至50 mL冷藏于棕色瓶中。

(2) 混合酸:冰醋酸与浓硫酸等体积混合。

(3) 标准胆固醇贮存液(1 mg/mL):准确称取胆固醇 100 mg,溶于冰醋酸中,定容至 100 mL。

(4) 标准胆固醇工作液(0.1 mg/mL)：标准胆固醇贮存液的10倍冰醋酸稀释液。

四、操作步骤

1. 制作标准曲线

取9支洁净干燥试管编号，按表2-6顺序加入试剂，单位“mL”。

表2-6　胆固醇标准曲线制作

管　号	0	1	2	3	4	5	6	7	8
标准胆固醇工作液/mL	0	0.05	0.10	0.15	0.20	0.25	0.30	0.35	0.40
冰醋酸/mL	0.40	0.35	0.30	0.25	0.20	0.15	0.10	0.05	0
邻苯二甲醛试剂/mL	0.20	0.20	0.20	0.20	0.20	0.20	0.20	0.20	0.20
混合酸/mL	4.00	4.00	4.00	4.00	4.00	4.00	4.00	4.00	4.00
相当总胆固醇量/μg	0	5	10	15	20	25	30	35	40
吸光度($A_{550\ nm}$)									

加毕，混合均匀，于20～37 ℃下静置5～10 min，在550 nm波长处测定光吸收值。以总胆固醇量(μg)为横坐标，光吸收值($A_{550\ nm}$)为纵坐标制作标准曲线。

2. 样品测定

取3支试管编号后，分别加入试剂，与标准曲线同时作比色测定：

表2-7　血清样品测定

管　号	对　照	样品①	样品②
稀释的未知血清样品/mL	0	0.40	0.40
邻苯二甲醛试剂/mL	0.20	0.20	0.20
冰乙酸/mL	0.40	0	0
混合酸/mL	4.00	4.00	4.00
吸光度($A_{550\ nm}$)			

加毕，混合均匀，于20～37 ℃下静置5～10 min，在550 nm下测定光吸收值。然后从标准曲线上可查出样品中总胆固醇的含量。

五、结果与计算

(1) 标准曲线的绘制。

(2) 查标准曲线得样品含量，并换算。

六、注意事项

(1) 本法需在20～37 ℃条件下显色。温度过低，显色剂强度减弱；加混合酸后振摇过激能使产热过高，也可使显色减弱。

(2) 本反应的颜色产物比较稳定，吸光度在显色时间5 min时可达最高值，15 min内不变，30 min时吸光度平均为原来的98%，60 min后颜色略褪，但吸光度仍保持最高值的95%以上，室温变化对结果影响不明显。

(3) 血清蛋白及样本轻度溶血对本法结果无明显影响，但严重溶血可使结果偏高。

(4) 混合酸黏度大，要用封口膜充分混匀，保温后如有分层，再次混匀。混合酸配制时，将浓硫酸加入冰乙酸中，次序不可颠倒。

七、思考题

(1) 为何显色反应要控制在 20～37 ℃条件下？

(2) 样品血清的存放条件及时间对结果有何影响？

(3) 血清中胆固醇的测定还有哪些方法？

实验七　脂质体的制备

一、目的

了解和掌握脂质体的制备原理和方法。

二、原理

根据选用材料不同，可以将脂质体分为脂质体（以脂类为原料）、分子微胶囊（以糖类为原料）、肽质体（以肽类的修饰物为原料）。生物高分子都可以用于制备囊类物质，但囊壁的结构特点及其功能亦随着原初物质不同而不同。脂类为原料的脂质体，是人工膜的起点物质，大豆磷脂、卵磷脂是常用的材料。脂质体的应用范围极广，缓释胶囊是其中之一。脂质体介导法是基因转染、建立新型细胞株最常用而有效的方法之一。本实验以大豆磷脂为原料制备脂质体，并观察其形态特征。

三、实验材料、主要仪器和试剂

1. 实验材料

市售大豆磷脂。

2. 主要仪器

氮气瓶、水泵及抽滤装置、摇床、层析柱、显微镜。

3. 试剂

无水乙醇；磷酸盐缓冲液，0.01 mol/L ，pH 7.4；美蓝水溶液，1%；苏丹红；Sepharose4B；琼脂粉。

四、操作步骤

1. 纯化大豆磷脂

取市售大豆磷脂 1 g，室温下用 100 mL 无水乙醇搅拌抽提 1 h，抽滤，得淡黄色液体。减压浓缩，抽去溶剂得膏状物，置于棕色瓶中，于 4 ℃下密闭保存。

2. 制备脂质体

脂质体的制备方法有反向蒸发法、透析法、超声法和摇床法等。本实验采用摇床法。取已纯化的大豆磷脂 1～2 mL，放入干燥的圆底烧瓶或凯氏烧瓶内，用水泵抽干乙醇。加入与大豆磷脂相同体积的磷酸盐缓冲液(0.01 mol/L，pH 7.4)，并于充气装置中充入纯氮约 20 min，关闭充满氮气烧瓶的入气管及排气管，防止脂类氧化。随后，把烧瓶置于摇床上，于 40 ℃下恒温连续振荡 40～50 h，转速 120 r/min，脂质体制备完成。

3. 脂质体浓缩与纯化

通常采用凝胶过滤技术纯化脂质体。柱平衡及洗脱缓冲液为磷酸盐缓冲液(与脂质体制备缓冲液一致)。选用凝胶介质 Sepharose4B，凝胶柱直径与高度之比为 1∶6，脂质体悬液与柱床体积比为 1∶100，洗脱流速 0.1～0.2 mL/min，215 nm 波长处检测洗脱液，收集第一个洗脱峰，即为浓缩的纯净脂质体。

4. 脂质体鉴定

脂质体是有形态特征的微型小体。一般在 10×10 倍的光学显微镜下可见。

在载玻片上滴加制备好的脂质体，于显微镜下观察，所见到颗粒比较均匀的圆形或椭圆形小体，即脂质体，实际上是充满缓冲液的脂泡。由于脂分子层具有通透性，若滴加少许美蓝或苏丹红等染料，盖上盖玻片，便可见到蓝色或红色脂泡。通过目镜或物镜测微尺可测量脂质体的大小。

若将脂质体与琼脂溶液(0.1%，50～55 ℃)等体积混合，在琼脂凝固前滴片观察，可提高脂质体的稳定性，增加立体感。若用高分辨率的电子显微镜，可观察到脂质体囊壁特征。

五、结果与分析

测量脂质体大小，描述脂质体形态特征。

六、注意事项

(1) 充氮气后需及时关闭充满氮气烧瓶的入气管及排气管，以防止脂类氧化。

(2) 控制洗脱流速在 0.1～0.2 mL/min，保证浓缩纯化。

七、思考题

(1) 如何获得大豆磷脂的浓度？通常采用什么方法？

(2) 有哪些因素影响脂质体制备及纯化？

第三节　蛋白质分离及定量分析

实验八　氨基酸纤维素薄层层析

一、目的

学习纤维素薄层层析的操作方法，掌握分配层析的原理。

二、原理

纤维素是一种惰性支持物，与水的亲和力较强而与有机溶剂的亲和力较弱。以纤维素作为支持物，将其均匀地涂布在玻璃板上形成一薄层，然后在此薄层上进行层析即纤维素薄层层析。层析时吸着在纤维素上的水是固定相，而展层溶剂是流动相。若被分离的各种物质在固定相和流动相中的分配系数不同，就能实现分离。

三、实验材料、仪器和试剂

1. 实验材料

绿豆芽或萌发小麦种子。

2. 仪器

烧杯：50 mL×1；玻璃板：5 cm×20 cm×1；层析缸；毛细管；喷雾器；研钵。

3. 试剂

(1) 标准氨基酸溶液：丝氨酸、色氨酸、亮氨酸，分别以 0.01 mol/L 盐酸配成 4 mg/mL 的溶液。

(2) 纤维素粉(层析用)或微晶型纤维素(层析用)。

(3) 黏合剂：羧甲基纤维素钠(CMC)。

(4) 层析溶剂系统：正丁醇(分析纯)∶冰醋酸(分析纯)∶水＝4∶1∶1(V/V)。

(5) 显色剂：0.1%茚三酮-丙酮溶液。

四、操作步骤

1. 氨基酸的提取

取已萌发好的小麦种子 2 g(或绿豆芽下胚轴 2 g)，放入研钵中，加 95%乙醇 4 mL 及少量的石英砂，研成匀浆后，倒入离心管中离心 3 000 r/min、15 min，上清液即为氨基酸提取液，用滴管小心吸入点样瓶中备用。

2. 制板

取少量羧甲基纤维素钠(约 12 mg)置于研钵中充分研磨，再称取纤维素粉3 g于研钵中研磨，再加入 14 mL 水研磨匀浆，把纤维素匀浆倒在洗净烘干的玻璃板上，轻轻震动，使纤维素均匀分布在玻璃板上，水平放置风干，用前放入100～110 ℃烘箱中活化 30 min。

3. 点样

用刀片将薄层板上薄层的左右各边刮削掉 0.5 cm，以防止“边缘效应”。在纤维素薄板上距一端 15 mm 处，用铅笔轻轻划出点样记号。样点之间距离1.3 cm。用毛细管分别吸取样品和标准品，在记号处点样，样品斑点直径控制在 2 mm 左右。

4. 展层

将薄板有样品的一端浸入已存放展层溶剂的层析缸中，层析溶剂液面不能高于样品线。待展层溶剂走到距薄板顶端 0.5～1 cm 时取出此薄板(约1～2 h)，用铅笔在前沿处作一记号后用电吹风吹干。

5. 显色

将茚三酮显色剂喷雾在板上，用热吹风吹数分钟（或置于 70～80 ℃烘箱中烘干），即可观察到紫红色的氨基酸斑点，脯氨酸例外，为黄色斑点。用铅笔圈出氨基酸斑点，量出溶剂前沿的距离及各斑点中心与起点之间的距离，并计算各氨基酸的 R_f 值。R_f 值为迁移率（rate of flow，R_f），在恒定条件下，每种氨基酸有其一定的 R_f 值。R_f 值表示为：

$$R_f = \frac{\text{原点到层析点中心的距离}}{\text{原点到溶剂前沿的距离}}$$

根据已知标准氨基酸和 R_f 值，与小麦（或绿豆芽）提取液中氨基酸的 R_f 值比较，确定提取液中含有的氨基酸种类。

五、结果与分析

(1) 测量溶剂前沿的距离及各斑点中心与起点之间的距离，并计算各氨基酸的 R_f 值。

(2) 比较不同氨基酸的 R_f 值变化规律，并说明 R_f 值与氨基酸的关系。

六、注意事项

(1) 在操作过程中，手必须洗净，只能接触薄板上层边角；不能对着薄板说话，以防唾液掉在板上。

(2) 配制展层剂时，要用纯溶剂，应现用现配，以免放置过久其成分发生变化（酯化）。

(3) 控制羧甲基纤维素钠的使用量。本实验中羧甲基纤维素钠起黏合剂作用，可以使纤维素粉较牢固地黏附于玻璃板上，加入量过多会破坏纤维素薄层的毛细作用而使层析速度延缓，过少则黏合不牢固，因此需要注意控制用量。

七、思考题

(1) 什么是分配系数？

(2) 薄层层析中极性氨基酸与非极性氨基酸展层的速度哪个快一些？

(3) 何为“边缘效应”？如何减轻或消除？

(4) 氨基酸的结构组成与 R_f 值变化有何关系？

实验九　氨基酸纸层析

一、目的

学习并掌握纸层析的原理和操作技术；了解分配层析法及影响分配系数的因素。

二、原理

纸层析属于分配层析法。分配层析法利用物质在两种或两种以上不同的混合溶剂中的分配系数不同，达到分离目的。在一定条件下，一种物质在某种溶剂系统中的分配系数是常数（K）

$$K = \frac{\text{溶质在固定相的浓度}(c_s)}{\text{溶质在流动相的浓度}(c_l)}$$

纸层析以滤纸作为支持物，适于在水和有机溶剂中都可溶的混合物的分离。溶剂系统由有机溶剂和水组成，水和滤纸纤维素的亲和力较强，因而其扩散作用降低形成固定相，有机溶剂和滤纸亲和力较弱，所以在滤纸毛细管中自由流动，形成流动相，由于混合液中各种氨基酸的 K 值不同，其在两相中的分配数量及移动速率$\left(\text{即}\frac{\text{迁移率}}{\text{比移值}\,R_f}\right)$就不同，从而达到分离的目的。移动速率$(R_f)=\frac{\text{原点到层析点中心的距离}}{\text{原点到溶剂前沿的距离}}$。$R_f$决定于被分离物质在两相间的分配系数以及两相间的体积比。由于在同一实验条件下，两相体积比是一常数，所以主要决定于分配系数。不同物质分配系数不同，R_f也就不同。

影响 R_f值的因素主要有物质的结构和分子极性、层析溶剂、pH、滤纸、实验室的温度和层析时间、展开方式、样品溶液中杂质等。

由于纸层析法有设备简单、操作方便、所需样品量少等优点而广泛地用于物质的分离，并可进行定性和定量分析。缺点是展开时间较长。

三、实验材料、主要仪器和试剂

1. 实验材料

层析滤纸。

2. 主要仪器

毛细管数支，电热吹风机，层析缸，层析滤纸，小型喷雾器，铅笔、直尺等。

3. 试剂

(1) 氨基酸标准溶液：亮氨酸、脯氨酸、赖氨酸、苯丙氨酸、缬氨酸标准品，分别称取 2 份亮氨酸、脯氨酸、赖氨酸、苯丙氨酸、缬氨酸各 0.15 g，一份各自单独溶于 30 mL 水中，另一份混合溶于 30 mL 水中，配制 0.5%氨基酸溶液。

(2) 溶剂系统：正丁醇∶乙酸∶水＝20∶5∶15(V/V)摇匀，分层后放出下层水相，上层为展开剂。

(3) 0.1%的水合茚三酮正丁醇溶液。

四、实验步骤

1. 滤纸的准备

滤纸裁剪成 20 cm×14 cm 大小，在滤纸纵向对应的两边距边沿 2 cm 处，各画两条平行线，一条作前沿标志，一条作点样线，在点线上每隔 2 cm 画一个“＋”作为点样位置，共 6 个点。

2. 点样

在 6 个点样标记处分别点样，其中 1 个是混合氨基酸，另 5 个分别是五种氨基酸标准品，用毛细管点样，做好标记。混合氨基酸可以在中间或一侧；每个点样点可以重复点 2～3 次，每点一次需用电吹风吹干后再点下次，点样点的直径应控制在 2 mm 左右。点样完毕用大头针或针线将滤纸做成筒形，点样面向外。

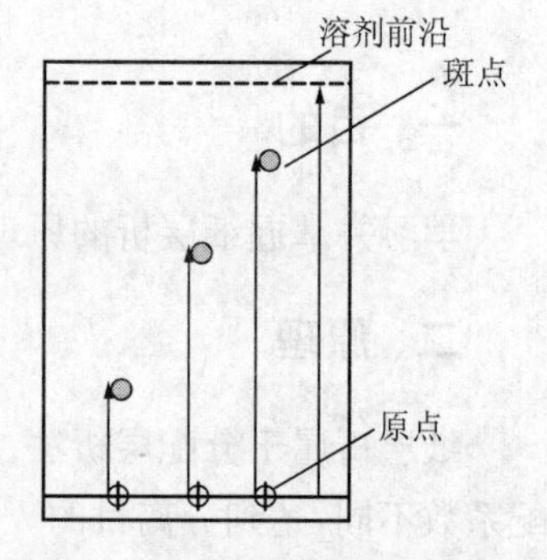

图 2－2　纸层析点样、展层示意图

3. 展层

将滤纸筒放入已达到溶剂系统蒸汽饱和的层析缸中。层析缸中的层析溶剂液层不要超过点样线(高约 1.5 cm),将滤纸点样点朝下放入层析溶剂中,将层析缸密闭,待溶剂前沿到达距离滤纸末端 2 cm 左右(标志线)时,取出冷风吹干。

4. 显色

用喷雾器将 0.1%茚三酮显色剂均匀喷在滤纸上,热风或烘箱中放置 5 min 左右,显色。

五、结果与计算

(1) 用铅笔将层析色谱轮廓和中心点描出来。

(2) 测量原点至斑点中心和至溶剂前沿的距离,计算各种已知氨基酸和未知氨基酸斑点的 R_f 值。

(3) 分析混合样品中未知氨基酸的组分。

六、注意事项

(1) 点样时要避免手指或唾液等污染滤纸有效面(即展层时样品可能达到的部分),整个实验操作应戴手套进行。

(2) 点样斑点不能太大(直径应小于 3 mm),防止层析后氨基酸斑点过度扩散和重叠,且吹风温度不宜过高,否则斑点变黄。

(3) 展层开始时切勿使样品点浸入溶剂中。

(4) 作为展层剂的正丁醇要重新蒸馏,乙酸须用分析纯,且展层剂要临用前配制,以免发生酯化,影响层析结果。

(5) 烘箱加热温度不可过高,且不可有氨的干扰,否则图谱背景会泛红。

(6) 如果样品中溶质种类较多,且某些溶质在某一溶剂系统中的 R_f 值十分接近时,单向层析分离效果不佳,则可采用双向层析,即将样品点在一方形滤纸的角上,先用一种溶剂系统展层。滤纸取出干燥后,再将滤纸转 90°角 ,用另一溶剂系统展层。所得图谱分别与这两种溶剂系统中作的标准物质层析图谱对比,即可对混合物样品中各成分进行鉴定。

七、思考题

(1) 何谓分配层析法?

(2) 为什么点样时要避免手指或唾液等污染滤纸有效面?

(3) 影响物质移动速率 R_f 值的因素有哪些?

实验十　总氮量的测定——微量凯氏(Mirco-Kjeldahl)定氮法

一、目的

了解并掌握微量凯氏定氮法的原理,掌握微量凯氏定氮法的操作技术,包括样品的消化、蒸馏、滴定、含氮量的计算及蛋白质含量的换算等。

二、原理

蛋白质是生命的物质基础，是构成生物体细胞组织的重要成分，蛋白质是含氮的有机化合物，是有机态氮的表现形式，平均含氮量为16%，测出含氮量则可推知蛋白质含量。生物材料总氮量的测定，通常采用微量凯氏定氮法。该法将样品与硫酸和催化剂一同加热消化，使蛋白质分解，分解的氨与硫酸结合生成硫酸铵，然后碱化蒸馏使氨游离，用硼酸吸收后再用盐酸标准溶液滴定，根据酸的消耗量乘以换算系数，即得蛋白质含量。

以丙氨酸为例，测定过程的反应式如下：

$$2NH_2(CH_2)_2COOH + 13H_2SO_4 \longrightarrow (NH_4)_2SO_4 + 6CO_2\uparrow + 12SO_2 + 16H_2O$$

$$\text{或蛋白质} + H_2SO_4 \longrightarrow (NH_4)_2SO_4 + CO_2\uparrow + SO_2 + H_2O$$

$$(NH_4)_2SO_4 + 2NaOH \longrightarrow 2NH_3\uparrow + Na_2SO_4 + 2H_2O$$

$$2NH_3 + 4H_3BO_3 \longrightarrow (NH_4)_2B_4O_7 + 5H_2O$$

$$(NH_4)_2B_4O_7 + 2HCl + 5H_2O \longrightarrow 2NH_4Cl + 4H_3BO_3$$

凯氏定氮法适用范围广，具有测定准确度高、可测定各种不同形态样品等两大优点，因而被公认为是测定食品、饲料、种子、生物制品、药品和动植物组织中蛋白质含量的标准分析方法。该法的缺点在于无法区分蛋白氮和非蛋白氮，且操作比较复杂，含有大量碱性氨基酸的蛋白质测定结果偏高。

三、实验材料、主要仪器和试剂

1. 实验材料

市售面粉。

2. 主要器材

分析天平；凯氏烧瓶 100 mL(×2)；容量瓶(50 mL)；刻度吸管(1 mL，2 mL)；凯氏定氮蒸馏装置；微量滴定管(3 mL，5 mL，可读至 0.02 mL)；锥形瓶(50～100 mL)。

3. 试剂

(1) 消化液：过氧化氢∶浓硫酸∶水＝3∶2∶1(*V*/*V*)，亦可以浓硫酸作消化液。

(2) 硫酸钾-硫酸铜混合物：硫酸钾与硫酸铜($CuSO_4 \cdot 5H_2O$)以 3∶1(*W*/*W*)的配比混合研磨成粉末。

(3) 30%氢氧化钠溶液。

(4) 2%硼酸。

(5) 混合指示剂：取 50 mL 0.1%甲烯蓝无水乙醇溶液与 200 mL 0.1%甲基红无水乙醇溶液混合配成，贮于棕色瓶中备用，这种指示剂酸性时为紫色，碱性时为绿色，变色范围窄且灵敏。或者取 0.1%溴甲酚绿乙醇溶液 10 mL 与 0.1%甲基红乙醇溶液 2 mL 混合即成。该指示剂的变色范围为 pH 5.2(紫红色)→pH 5.4(灰色)→pH 5.6(绿色)。

(6) 0.010 0 mol/L HCl。

(7) 硼酸-指示剂混合液：取 100 mL 2%硼酸溶液，滴加混合指示剂贮备液，摇匀后溶液呈现紫红色即可。

四、操作步骤

1. 样品处理

市售面粉置于105 ℃的烘箱内干燥至恒重，备用。

2. 消化

称取烘至恒重的面粉 0.1 g，移入干燥的凯氏烧瓶中，加入 0.2 g 硫酸钾-硫酸铜混合物，消化液 5 mL，玻璃珠 1 粒，摇匀。将烧瓶以 60°角固定在铁架上，每个瓶口放一小漏斗，在通风橱内用电炉加热消化。在消化开始时，应控制火力，不要使液体冲到瓶颈。待瓶内水汽蒸完，硫酸开始分解并放出 SO_2 白烟后，适当加强火力，使瓶内液体微微沸腾，大约维持 2～3 h。待消化液呈蓝绿色澄清透明状，再继续加热 0.5 h；停火冷却后，将消化液移入 100 mL 容量瓶中，用蒸馏水定容至刻度，备用。另取一干燥的凯氏烧瓶，以 1 mL 蒸馏水替换面粉样品作空白对照，其他操作相同。

3. 碱化蒸馏

(1) 凯氏定氮装置的安装

本实验采用改进型微量凯氏定氮蒸馏装置，见图 2-3。该装置由 3 部分组成：① 水蒸气发生器和反应室，水蒸气发生器有 3 个开口，即图中的 3、4、5，反应室有 1 个开口 6；② 冷凝器和通气柱，分别是开口 9、10，和 12、13；③ 排水柱，有 15、16、17 共 3 个开口。

安装时，首先固定主体（蒸汽发生器和反应室），高度适合于热源加热；然后用橡皮管将各相应部位连接，放上自由夹；最后长橡皮管连接自来水和出水口。

(2) 蒸馏器的洗涤及检验

蒸气发生器中加入一定量水，水量以排水高度为宜，加热沸腾，注意热源切勿靠近橡皮管，防止将橡皮管烧化。向反应室中加入蒸馏水，水即虹吸自动吸出；或移开蒸汽发生器的热源片刻；或打开自由夹②，使得冷水进入蒸汽发生器，都可使反应室中的水自动吸出。如果几种措施都无效，检查装置本身是否漏气等。反复清洗 3～5 次。

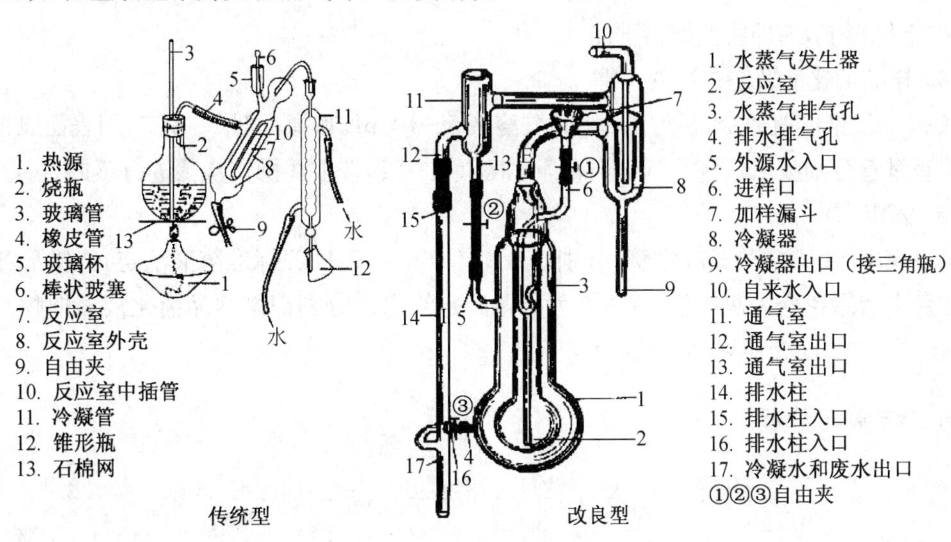

图 2-3　微量凯氏蒸馏装置示意图

将一只盛有 5 mL 2%硼酸液和 1～2 滴指示剂的锥形瓶置于冷凝管下端，使冷凝管管口插入液体中，蒸馏数分钟，如硼酸液颜色不变，表明仪器已洗净。否则继续洗涤直至洗净为止。

改良型微量凯氏定氮蒸馏装置使用方法如下：

① 首先关闭冷凝水，打开自由夹②，使蒸汽发生器与大气相通。将锥形瓶放在冷凝器下端，浸没于液面下。

② 移取 5 mL～10 mL 样品消化液小心加入反应室。将准备好的 30%氢氧化钠 5～10 mL 加入加样漏斗，关闭自由夹①，加水封。

③ 关闭自由夹②，缓慢打开冷凝水。

④ 加热蒸汽发生器，开始蒸馏。当观察到锥形瓶中由紫色变为绿色，继续蒸馏 3 min。随后，放低锥形瓶，继续蒸馏 1 min，用少量蒸馏水洗涤冷凝管下端外侧。取下锥形瓶，以表面皿覆盖。以备滴定。

蒸馏全部结束后，清洗反应室，打开自由夹③废水排出。

蒸馏完毕，应立即洗涤反应室，方法同前，清洗 3～5 次。继续进行 10 mL 空白消化液蒸馏。

(3) 标准硫酸铵样品的蒸馏

先用标准硫酸铵溶液(0.3 mg N/mL)实验 2～3 次。

取 3 个 50 mL 的锥形瓶，各准确加入 2%硼酸 5～10 mL，加入混合指示剂。用表面皿覆盖备用。

用吸量管吸取 1 mL 标准硫酸铵溶液，细心地由加样漏斗倾入反应室，再用 1 mL 蒸馏水清洗漏斗。取一个盛有硼酸-混合指示剂的锥形瓶，置于冷凝管下端，使冷凝器管口下端浸没在硼酸溶液液面下，用量筒从漏斗加入 30%氢氧化钠 5～10 mL，随即将自由夹夹紧，漏斗加入少量蒸馏水作水封。

加热蒸汽发生器使其产生蒸汽，待第一滴蒸馏液从冷凝柱下端滴下时起，继续蒸馏5 min，然后将锥形瓶放低，使导管离开液面再蒸馏 2 min，并用少量蒸馏水冲洗冷凝管口外壁，蒸馏完毕，取下锥形瓶，随即将蒸馏器洗净。

(4) 样品消化液及空白液的蒸馏

取 50 mL 锥形瓶数个，各加入 2%硼酸溶液 5～10 mL 和指示剂 1～2 滴，用表面皿覆盖备用。用吸量管分别吸取 5～10 mL 样品消化液和空白液，按上述操作步骤进行蒸馏。

(5) 滴定

蒸馏完毕，用微量酸式滴定管，分别以 0.010 0 mol/L HCl 标准溶液滴定，待锥形瓶内液体的颜色由蓝绿色变为灰红色(或淡紫色)，即滴定终点。分别记录样品消化液蒸馏物及空白消化液蒸馏物的 HCl 使用量，分别为 V_1 和 V_2。

五、结果与分析

$$X=\frac{(V_1-V_2)\times c\times 0.014}{m\times\frac{10}{100}}\times F\times 100$$

式中：X —— 样品中蛋白质的含量，%；

V_1—— 样品消耗盐酸标准液的体积，mL；

V_2—— 空白实验消耗盐酸标准液的体积，mL；

c—— 盐酸标准溶液通过标定后的摩尔浓度，mol/L；

0.014—— 每毫升盐酸标准液相当于氮的克数；

m —— 样品质量，g；

F —— 氮换算为蛋白质的系数为 6.25。

六、注意事项

(1) 必须仔细检查凯氏定氮仪的各个连接处，保证不漏气。凯氏定氮仪应反复清洗，保证洁净。

(2) 消化时须小心加样，样品应直接送至烧瓶底部，切勿沾于瓶口或瓶颈上。

(3) 蒸馏时，小心加入消化液。加样时最好将火力拧小或撤去或将蒸汽发生器与大气相通，避免加入的消化样液发生倒吸。蒸馏时，切忌火力不稳，否则也将发生倒吸现象。蒸馏后应及时清洗定氮仪。

(4) 普通实验室中的空气中常含有少量的氨、CO_2，会影响结果，所以操作应在单独洁净的房间中进行，并尽可能快地对硼酸吸收液进行滴定。

(5) 酸性微量滴定管要用 HCl 标准溶液润洗；滴定时，小心操作，由于 HCl 消耗量可能很小，切勿滴定过快，尤其是滴定空白样时。

七、思考题

(1) 在实验中消化时加入硫酸钾-硫酸铜混合物的作用是什么？

(2) 如何证明蒸馏器洗涤干净？

(3) 指出本测定方法产生误差的原因。

(4) 测定未知样品前标准硫酸铵和空白的目的是什么？

实验十一 茚三酮显色法测定氨基酸含量

一、目的

了解和掌握茚三酮显色法定量测定氨基酸含量的方法。

二、原理

蛋白质、多肽和各种氨基酸与茚三酮反应产生有色物质。脯氨酸因无α-氨基，呈黄色，其他氨基酸均生成蓝紫色物质，其颜色的深浅与氨基酸及蛋白质的含量成正比，可通过测定 570 nm 处的吸光度，实现氨基酸及蛋白质的定量。该方法操作简单，应用较为广泛。但由于与该反应有关的基团是被测物的自由氨基和羧基，因此，含有自由氨基的氨、β-丙氨酸，以及一级胺都能发生茚三酮反应，产生干扰。

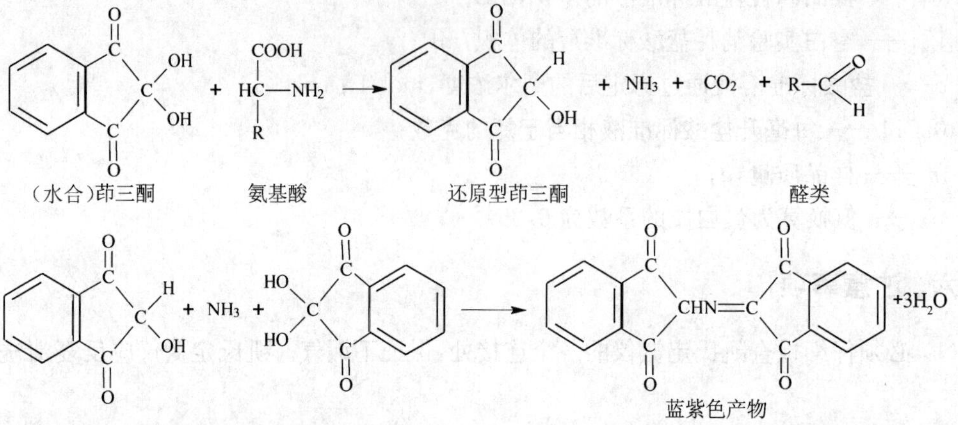

(水合)茚三酮　+　氨基酸　→　还原型茚三酮　+ NH_3 + CO_2 +　醛类

还原型茚三酮 + NH_3 + 茚三酮 → 蓝紫色产物 $+3H_2O$

三、实验材料、主要仪器和试剂

1. 实验材料

鸡蛋清溶液,蛋清的 10～20 倍稀释液;或氨基酸含量为 0.5～50 μg/mL 的样品液。

2. 主要仪器

分光光度计;水浴锅;试管;烧杯;试管架。

3. 试剂

(1) 标准氨基酸溶液:配制成 0.3 mmol/L 溶液。

(2) pH 5.4,2 mol/L 醋酸缓冲液:量取 86 mL 2 mol/L 醋酸钠溶液,加入 14 mL 2 mol/L 乙酸混合而成。用 pH 检查校正。

(3) 茚三酮显色液:称取 85 mg 茚三酮和 15 mg 还原型茚三酮,用 10 mL 乙二醇甲醚溶解。

茚三酮若变为微红色,则需按下法重结晶:称取 5 g 茚三酮溶于 15～25 mL 热蒸馏水中,加入 0.25 g 活性炭,轻轻搅拌。加热 30 min 后趁热过滤,将滤液放入冰箱过夜。次日析出黄白色结晶,抽滤,用 1 mL 冷水洗涤结晶,置于干燥器中干燥后,装入棕色玻璃瓶中保存。

还原型茚三酮按下法制备:称取 5 g 茚三酮,用 125 mL 沸蒸馏水溶解,得黄色溶液。将 5 g 维生素 C 用 250 mL 温蒸馏水溶解,一边搅拌一边将维生素 C 溶液滴加到茚三酮溶液中,不断出现沉淀。滴定后继续搅拌 15 min,然后在冰箱内冷却到 4 ℃,过滤、沉淀用冷水洗涤 3 次,置于五氧化二磷真空干燥器中干燥保存,备用。

乙二醇甲醚若放置太久,需用下法除去过氧化物:在 500 mL 乙二醇甲醚中加入 5 g 硫酸亚铁,振荡 1～2 h,过滤除去硫酸亚铁,再经蒸馏,收集沸点为 121～125 ℃的馏分,即无色透明的乙二醇甲醚。

(4) 60%乙醇。

四、操作步骤

1. 标准曲线的制作

分别取 0.3 mmol/L 的标准氨基酸溶液 0 mL、0.2 mL、0.4 mL、0.6 mL、0.8 mL、1.0 mL

于试管中，用蒸馏水补足至 1 mL。各加入 1 mL pH 5.4 的 2 mol/L 醋酸缓冲液；再加入1 mL 茚三酮显色液，充分混匀后，盖住试管口，在 100 ℃水浴中加热 15 min，用自来水冷却。放置 5 min 后，加入 3 mL 60％乙醇稀释，充分摇匀，用分光光度计测定 $A_{570\ nm}$（脯氨酸和羟脯氨酸与茚三酮反应呈黄色，应测定 $A_{440\ nm}$）。

以 $A_{570\ nm}$ 为纵坐标，氨基酸含量为横坐标，绘制标准曲线。

2. 氨基酸样品的测定

取样品液或蛋清稀释液 1 mL，加入 pH 5.4 的 2 mol/L 醋酸缓冲液 1 mL 和茚三酮显色液 1 mL，混匀后于 100 ℃ 沸水浴中加热 15 min，自来水冷却。放置 5 min 后，加 3 mL 60％乙醇稀释，摇匀后测定 $A_{570\ nm}$（生成的颜色在 60 min 内稳定）。

五、结果与计算

将样品测定的 $A_{570\ nm}$ 与标准曲线对照，可确定样品中氨基酸或蛋白质含量。

六、注意事项

（1）茚三酮溶液应现配现用。

（2）人体皮肤接触茚三酮，易产生有色物质，注意防护。

（3）蛋清溶液须新鲜配制，如结果不明显，可适当调整稀释倍数。

七、思考题

（1）茚三酮是否可用于氨基酸和蛋白质的定性鉴定？

（2）如何排除样品中非蛋白类物质对该反应的干扰？

实验十二　Folin－酚法测定蛋白质含量

一、目的

了解和掌握 Folin－酚法测定蛋白质含量的原理和方法，熟悉分光光度计的操作。

二、原理

Folin－酚试剂由试剂甲和试剂乙两部分组成，试剂甲相当于双缩脲试剂，试剂乙为磷钼酸与磷钨酸的混合液，即 Folin 试剂。反应包括两个步骤：第一步是在碱性条件下，蛋白质与铜作用生成蛋白质-铜络合物；第二步是此络合物将磷钼酸-磷钨酸试剂（Folin 试剂）还原，产生深蓝色（磷钼蓝和磷钨蓝混合物），颜色深浅与蛋白质含量成正比。与 Folin－酚反应有关的基团是酚基、巯基、吲哚基，酪氨酸、色氨酸和半胱氨酸以及含有这些氨基酸的蛋白质等因含有这些基团，能发生显色反应，不同蛋白质因酪氨酸、色氨酸含量不同而使显色强度稍有不同。此法操作简便，灵敏度比双缩脲法高 100 倍，定量范围为 5～100 μg 蛋白质，使用广泛。但含有反应基团的非蛋白样品物质有干扰作用。

三、实验材料、主要仪器和试剂

1. 实验材料

绿豆芽下胚轴或其他材料如面粉等。

2. 仪器

分光光度计;离心机;分析天平;容量瓶:50 mL;量筒;移液管:0.5 mL、1 mL、5 mL。

3. 试剂(纯度均为分析纯)

(1) 0.5 mol/L NaOH。

(2) 试剂甲(碱性铜溶液)。

① 称取 10 g Na_2CO_3,2 g NaOH 和 0.25 g 酒石酸钾钠,溶解后用蒸馏水定容至 500 mL;

② 称取 0.5 g $CuSO_4 \cdot 5H_2O$,溶解后用蒸馏水定容至 100 mL;

使用前将 50 份①液与 1 份②液混合,即为试剂甲,当日使用。

(3) 试剂乙(Folin 试剂)

在 1.5 L 的磨口回流器中加入 100 g 钨酸钠($Na_2WO_4 \cdot 2H_2O$)和700 mL蒸馏水,再加 50 mL 85%磷酸和 100 mL 浓盐酸充分混匀,接上回流冷凝管,以小火回流 10 h。回流结束后,加入 150 g 硫酸锂和 50 mL 蒸馏水及数滴液体溴,开口继续沸腾 15 min,驱除过量的溴,冷却后溶液呈黄色(倘若仍呈绿色,再滴加数滴液体溴,继续沸腾 15 min)。然后稀释至 1 L,过滤,将滤液置于棕色试剂瓶中保存,使用前大约加水 1 倍,使最终浓度相当于 1 mol/L。

四、操作步骤

1. 标准曲线的制作

(1) 配制标准牛血清白蛋白溶液:在分析天平上精确称取 0.025 0 g 结晶牛血清白蛋白,倒入小烧杯内,用少量蒸馏水溶解后转入 100 mL 容量瓶中,烧杯内的残液用少量蒸馏水冲洗数次,冲洗液一并倒入容量瓶中,用蒸馏水定容至 100 mL,则配成 250 μg/mL 的牛血清白蛋白溶液。

(2) 系列标准牛血清白蛋白溶液的配制:取 6 支普通试管,按表 2-8 加入标准浓度的牛血清白蛋白溶液和蒸馏水,配成一系列不同浓度的牛血清白蛋白溶液。

(3) 绘制标准曲线:在系列标准溶液内分别加试剂甲 5 mL,混合后在室温下放置 10 min,再各加 0.5 mL 试剂乙,立即快速混合均匀,以免减弱显色程度。30 min 后,以不含蛋白质的 1 号试管为对照,用分光光度计于 650 nm 波长下测定各试管中溶液的吸光度值并记录结果。

表 2-8 牛血清白蛋白标准曲线制作

试 剂	管号					
	1	2	3	4	5	6
250 μg/mL 牛血清白蛋白/mL	0	0.2	0.4	0.6	0.8	1.0
蒸馏水/mL	1.0	0.8	0.6	0.4	0.2	0
蛋白质含量/μg	0	50	100	150	200	250

以牛血清白蛋白含量(μg)为横坐标,以吸光度值($A_{650\ nm}$)为纵坐标绘制标准曲线。

2. 样品的提取及测定

(1) 准确称取绿豆芽下胚轴 1 g,放入研钵中,加蒸馏水 2 mL,研磨匀浆。将匀浆转入离心管,并用 6 mL 蒸馏水分次将研钵中的残渣洗入离心管,离心 4 000 r/min、20 min。将上清液转入 50 mL 容量瓶中,用蒸馏水定容至刻度线,作为待测液备用。

(2) 取普通试管 2 支,各加入待测溶液 1 mL,分别加入试剂甲 5 mL,混匀后放置 10 min,再各加试剂乙 0.5 mL,迅速混匀,室温放置 30 min,于 650 nm 波长下测定吸光度,并记录结果。

五、结果计算

计算出两重复样品吸光度值的平均值,从标准曲线中查出相对应的蛋白质含量 X(μg),再按下列公式计算样品中蛋白质的百分含量。

$$\text{样品中蛋白质含量}(\%)=\frac{X(\mu g)\times\text{稀释倍数}}{\text{样品重}(g)\times 10^{6}}\times 100$$

六、注意事项

(1) 进行测定时,加 Folin 试剂要特别小心,因为 Folin 试剂仅在酸性 pH 条件下稳定,但此还原反应只在 pH 10 的条件下发生,所以当加试剂乙时,必须立即混匀,以便在磷钼酸-磷钨酸试剂被破坏之前即能发生还原反应,否则会使显色程度减弱。

(2) 本法也可用于游离酪氨酸和色氨酸含量测定。

七、思考题

(1) 含有什么氨基酸的蛋白质能与 Folin - 酚试剂呈蓝色反应?

(2) Folin - 酚反应有哪些干扰因素? 如何排除?

(3) 测定蛋白质含量除 Folin - 酚试剂显色法以外,还可以用什么方法? 存在何种干扰?

实验十三　紫外吸收法测定蛋白质含量

一、目的

学习紫外分光光度法测定蛋白质含量的原理;熟练掌握紫外分光光度计测定原理及使用方法。

二、原理

由于蛋白质中存在含有共轭双键的酪氨酸和色氨酸,因此蛋白质具有吸收紫外光的性质,最大吸收峰在 280 nm 波长处。在此波长范围内,蛋白质溶液的吸光度值 $A_{280\ nm}$与其浓度呈正比关系,可作定量测定。

三、实验材料、主要仪器和试剂

1. 实验材料

待测的蛋白质溶液。

2. 主要仪器

紫外分光光度计;试管与试管架;刻度吸量管。

3. 试剂

(1) 标准牛血清蛋白溶液:准确称取经凯氏定氮法校正的结晶牛血清蛋白,配制成浓度为 1 mg/mL 的溶液。

(2) 待测蛋白质溶液:浓度约为 1 mg/mL。

四、操作步骤

1. 标准曲线制作

按表 2-9 分别向每支试管内加入各种试剂,混匀。以光程为 1 cm 的石英比色杯,在 280 nm 波长处测定各管溶液的吸光度值 $A_{280\ nm}$。以蛋白质浓度为横坐标,吸光度值为纵坐标,绘出标准曲线。

表 2-9 蛋白质标准曲线制作

管号	标准蛋白质溶液/mL	蒸馏水/mL	蛋白质浓度/(mg/mL)	$A_{280\ nm}$
1	0	4	0	
2	0.5	3.5	0.125	
3	1.0	3.0	0.25	
4	1.5	2.5	0.375	
5	2.0	2.0	0.50	
6	2.5	1.5	0.625	
7	3.0	1.0	0.75	
8	4.0	0	1.0	

2. 样品测定

取待测蛋白质溶液 1 mL,加入蒸馏水 3 mL,混匀,按上述方法测定 280 nm 处的吸光度。

五、结果与计算

(1) 标准曲线的绘制。

(2) 根据样品溶液的 $A_{280\ nm}$ 值,从标准工作曲线上查出待测蛋白质溶液的浓度。

六、注意事项

(1) 在测定工作中,可以利用 280 nm 及 260 nm 处的吸光度值 A(即光密度值 OD)求出蛋白质的浓度:

$$蛋白质浓度(mg/mL)=1.45OD_{280\ nm}-0.74OD_{260\ nm}$$

式中的 $OD_{280\ nm}$ 是蛋白质溶液在 280 nm 下测得的光密度,$OD_{260\ nm}$ 是蛋白质溶液在 260 nm下测得的光密度。

(2) 核酸物质的共轭双键在紫外区亦有吸收,最大吸收峰在 260 nm 处。因核酸存在时产生误差,可将待测的蛋白质溶液稀释至光密度在 0.2～2.0 之间,选用光程为 1 cm 的石英比色杯，在 280 nm 及 260 nm 处分别测出光密度$\left(\frac{OD_{280\ nm}}{OD_{260\ nm}}\right)$的比值，从表 2－10 中查出校正因子“$F$”值，同时可查出该样品内混杂的核酸的百分含量，将 F 值代入下述公式，即可计算出该溶液的蛋白质浓度。通常纯蛋白质的$\left(\frac{OD_{280\ nm}}{OD_{260\ nm}}\right)$约为 1.8，而纯核酸的比值约为 0.5。

$$\text{蛋白质浓度}(\text{mg/mL})=F\times OD_{280\ nm}\times D$$

式中：$OD_{280\ nm}$为被测溶液在 280 nm 紫外波长下的光密度，D 为溶液的稀释倍数。

表 2－10　紫外吸收法测定蛋白质含量的校正因子

$\frac{OD_{280\ nm}}{OD_{260\ nm}}$	校正因子	核酸/%	$\frac{OD_{280\ nm}}{OD_{260\ nm}}$	校正因子	核酸/%
1.75	1.116	0.00	0.846	0.656	5.50
1.63	1.081	0.25	0.822	0.632	6.00
1.52	1.054	0.50	0.804	0.607	6.50
1.40	1.023	0.75	0.784	0.585	7.00
1.36	0.994	1.00	0.767	0.565	7.5
1.30	0.970	1.25	0.753	0.545	8.00
1.25	0.944	1.50	0.730	0.508	9.00
1.16	0.899	2.00	0.705	0.478	10.00
1.09	0.852	2.50	0.671	0.422	12.00
1.03	0.814	3.00	0.644	0.377	14.00
0.979	0.776	3.50	0.615	0.322	17.00
0.939	0.743	4.00	0.595	0.278	20.00
0.874	0.682	5.00			

七、思考题

(1) 紫外吸收法与 Folin－酚比色法测定蛋白质含量相比，有何缺点及优点？

(2) 若样品中含有核酸类杂质，应如何校正？

实验十四　考马斯亮蓝 G－250 法测定蛋白质含量

一、目的

学习和掌握考马斯亮蓝 G－250 测定蛋白质含量的原理和方法。

二、原理

考马斯亮蓝 G－250(Coomassie brilliant blue G－250)法属于染料结合法。考马斯亮蓝 G－250 在游离状态下呈红色，最大光吸收在 488 nm 处；当它与蛋白质结合后变为青色，蛋白质-色素结合物在 595 nm 波长下有最大光吸收，其光吸收值与蛋白质含量成正比，因此可用于蛋白质的定量测定。蛋白质与考马斯亮蓝 G－250 结合在 2 min 左右的时间内达到平衡,完成反应十分迅速;其结合物在室温下 1 h 内保持稳定。该法染色方法简单迅速,试剂配制简单,操作简便快捷,干扰物质少,灵敏度高,可测定微克级蛋白质含量,测定蛋白质浓度范围为 0～1 000 μg/mL,是一种常用的微量蛋白质快速测定方法,现已广泛应用于蛋白质含量的测定。

三、实验材料、主要仪器和试剂

1. 实验材料

新鲜绿豆芽。

2. 主要仪器

分析天平;台式天平;刻度吸管;具塞试管;试管架;研钵;离心机;离心管;烧杯;量筒;微量取样器;分光光度计。

3. 试剂

(1) 牛血清白蛋白标准溶液的配制:准确称取 100 mg 牛血清白蛋白,溶于 100 mL 蒸馏水中,即 1 000 μg/mL 的原液。

(2) 蛋白试剂考马斯亮蓝 G－250 的配制:称取 100 mg 考马斯亮蓝G－250,溶于 50 mL 90％乙醇中,加入 85％(W/V)的磷酸 100 mL,最后用蒸馏水定容到 1 000 mL。此溶液在常温下可放置一个月。

(3) 乙醇。

(4) 磷酸(85％)。

四、操作步骤

1. 标准曲线制作

(1) 0～100 μg/mL 标准曲线的制作:取 6 支 10 mL 干净的具塞试管,按表 2－11 取样。盖塞后,将各试管中溶液纵向倒转混合,放置 2 min 后用 1 cm 光径的比色杯在 595 nm 波长下比色,记录各管测定的吸光度值($A_{595\ nm}$),并作标准曲线。

表 2－11　低浓度标准曲线制作

管　　号	1	2	3	4	5	6
1 000 μg/mL 标准蛋白液/mL	0	0.02	0.04	0.06	0.08	0.10
蒸馏水/mL	1.00	0.98	0.96	0.94	0.92	0.90
考马斯亮蓝 G－250 试剂/mL	5	5	5	5	5	5
蛋白质含量/μg	0	20	40	60	80	100
吸光度($A_{595\ nm}$)						

(2) 0～1 000 μg/mL 标准曲线的制作:另取 6 支 10 mL 具塞试管,按表 2－12 取样。其余步骤同(1)操作,作出蛋白质浓度为 0～1 000 μg/mL 的标准曲线。

表 2-12 高浓度标准曲线制作

管号	7	8	9	10	11	12
1 000 μg/mL 标准蛋白液/mL	0	0.2	0.4	0.6	0.8	1.0
蒸馏水/mL	1.00	0.8	0.6	0.4	0.2	0
考马斯亮蓝 G-250 试剂/mL	5	5	5	5	5	5
蛋白质含量/μg	0	200	400	600	800	1 000
吸光度($A_{595\ nm}$)						

2. 样品提取液中蛋白质浓度的测定

(1) 待测样品制备:称取新鲜绿豆芽下胚轴 2 g 放入研钵中,加 2 mL 蒸馏水研磨成匀浆,转移到离心管中,再用 6 mL 蒸馏水分次洗涤研钵,洗涤液收集于同一离心管中,放置0.5～1 h 以充分提取,然后在 4 000 r/min 离心 20 min,弃去沉淀,上清液转入 10 mL 容量瓶中,并以蒸馏水定容至刻度线,即得待测样品提取液。

(2) 测定:另取 2 支 10 mL 具塞试管,按下表取样。吸取提取液 0.1 mL,放入具塞刻度试管中,加入 5 mL 考马斯亮蓝 G-250 蛋白试剂,充分混合,放置 2 min 后用 1 cm 光径比色杯在 595 nm 下比色,记录吸光度值 $A_{595\ nm}$,并通过标准曲线查得待测样品提取液中蛋白质的含量 X(μg)。以标准曲线 1 号试管作为空白。

表 2-13 待测液蛋白质浓度测定

管号	13	14
蛋白质待测样品提取液/mL	0.1	0.1
蒸馏水/mL	0.9	0.9
考马斯亮蓝 G-250 试剂/mL	5	5
吸光度($A_{595\ nm}$)		
蛋白质含量/μg		

五、结果与计算

$$\text{样品蛋白质含量}(\mu g/g\ \text{鲜重})=\frac{X\times\dfrac{\text{提取液总体积(mL)}}{\text{测定时取样体积(mL)}}}{\text{样品鲜重(g)}}$$

式中:X 为在标准曲线上查得的蛋白质含量,μg。

六、注意事项

(1) 有些阳离子(如 K^+、Na^+、Mg^{2+} 等),及 $(NH_4)_2SO_4$、乙醇等物质不干扰测定,但大量的去污剂如 Triton X-100、SDS 等严重干扰测定。

(2) 蛋白质与考马斯亮蓝 G-250 结合的反应十分迅速,在 2 min 左右反应达到平衡;其结合物在室温下 1 h 内保持稳定。因此测定时不可放置太长时间,否则将使测定结果偏低。

七、思考题

制作标准曲线及测定样品时,为什么要将各试管中溶液纵向倒转混合?

实验十五　小麦蛋白质组分的分离提取

一、目的

了解和掌握小麦等谷物种子蛋白质组分的分离提取方法。

二、原理

蛋白质组分是小麦等谷物种子蛋白质品质的一个重要指标,了解种子蛋白质组分以正确评定种子的营养品质,并为种子加工利用提供理论依据。

根据溶解性可以将植物种子蛋白质分为 4 类:① 清蛋白,溶于水和稀盐溶液;② 球蛋白,不溶于水但溶于稀盐溶液;③ 醇溶蛋白,不溶于水但溶于 70%～80%的乙醇;④ 谷蛋白,不溶于水和醇,但溶于稀酸及稀碱。因此,根据蛋白质组分在不同溶剂中的溶解性,可按顺序用蒸馏水、稀盐、乙醇、稀碱分别提取清蛋白、球蛋白、醇溶蛋白和谷蛋白,分别收集提取液,测定各蛋白组分的含量。

三、实验材料、主要仪器和试剂

1. 实验材料

小麦面粉。

2. 主要仪器

分析天平;离心机;振荡器;具塞磨口三角瓶:250 mL。

3. 试剂

NaCl 溶液:0.5 mol/L;KOH 溶液:0.1 mol/L;乙醇:70%。

四、操作步骤

1. 提取清蛋白

精确取 10 g 烘干的小麦面粉,放人 250 mL 具塞磨口三角瓶中,加 100 mL 蒸馏水置于振荡器上振荡提取 2 h 后静置 0.5 h,4 000 r/min 离心 15 min,取其上清液,将残渣合并于原三角瓶中,再分别用 50 mL 和 30 mL 蒸馏水重复振荡提取,离心,合并上清液,剩余残渣合并于原三角瓶中。

2. 提取球蛋白

在原三角瓶中,加 0.5 mol/L NaCl 溶液 100 mL,置于振荡器上振荡提取 2 h 后静置 0.5 h,4 000 r/min 离心 15 min,取其上清液,将残渣合并于原三角瓶中,再分别用 50 mL 和 30 mL 0.5 mol/L NaCl 重复振荡提取,离心,合并上清液,并将残渣合并于原三角瓶中。

3. 提取醇溶蛋白

在原三角瓶中加入 70%乙醇溶液 100 mL，置于振荡器上振荡提取 2 h 后静置 0.5 h，4 000 r/min 离心 15 min，取其上清液，将残渣合并于原三角瓶中，再分别用 50 mL 和 30 mL 70%乙醇重复振荡提取，离心，合并上清液，并将残渣合并于原三角瓶中。

4. 提取谷蛋白

在原三角瓶中加 100 mL 0.1 mol/L KOH 溶液，置于振荡器上振荡提取 2 h 后静置 0.5 h，4 000 r/min 离心 15 min，取其上清液，将残渣合并于原三角瓶中，再分别用 50 mL 和 30 mL 0.1 mol/L KOH 重复振荡提取，离心，合并上清液。

5. 测定

将上述 4 种提取液分别定容至 100 mL，各取 2～5 mL 用于测定蛋白质含量，测定方法可以是微量凯氏定氮法、茚三酮比色法、Folin - 酚法、紫外吸收法，或其他方法。

五、结果与计算

分别按照蛋白质定量测定的计算方法，计算小麦蛋白质中各种组分的百分含量。

六、注意事项

(1) 若种子中含脂肪较多，则需先用有机溶剂脱脂，如乙醚或石油醚等浸泡 2～3 次，随后用分液漏斗分离，剩余的溶剂在空气中挥发，或烘干后再提取蛋白质组分。

(2) 用 95%甲醇或 50%～60%异丙醇提取醇溶蛋白，其效果与 70%乙醇基本相同。

七、思考题

(1) 分离出的蛋白质组分有何用途？

(2) 如何判断分离物的蛋白质含量及纯度？怎样进一步纯化？

实验十六 细胞色素 C 的制备及其测定

一、目的

了解和掌握细胞色素 C 的分离及定量方法。

二、原理

细胞色素广泛存在于各种动植物组织和微生物中，是呼吸链中极重要的电子传递体。细胞色素 C 只是细胞色素中的一种，主要存在于线粒体中，在心肌及酵母细胞等需氧最多的组织中，细胞色素 C 含量丰富。细胞色素 C 为含铁卟啉的结合蛋白质，相对分子质量约为 13 000，蛋白质部分大约由 104 个氨基酸残基组成。细胞色素 C 分为氧化型和还原型两种，因为还原型较稳定并易于保存，一般都将细胞色素 C 制成还原型的，氧化型细胞色素 C 在 408 nm、530 nm 有最大吸收峰，还原型细胞色素 C 的最大吸收峰为 415 nm、520 nm 和 550 nm，这一特性可用于细胞色素 C 的含量测定。

细胞色素 C 溶于水，在酸性溶液中溶解度较大，因此可以在酸性条件下提取。氧化型细胞色素 C 制品水溶液呈深红色，而还原型细胞色素 C 制品的水溶液则呈桃红色。细胞色素 C 对热、酸和碱稳定，但三氯乙酸和乙酸可使之变性，引起失活。新鲜猪心经过酸溶液提取、人造沸石吸附、硫酸铵溶液洗脱和三氯乙酸溶液沉淀等步骤，可以制得细胞色素 C。

三、实验材料、主要仪器和试剂

1. 实验材料

新鲜猪心。

2. 主要仪器

组织捣碎机；电动搅拌机；离心机；分光光度计；玻璃柱：2.5 cm×30 cm；透析袋；纱布；试管及试管架。

3. 试剂

(1) H_2SO_4溶液：2 mol/L。

(2) 氨水（$NH_3 \cdot H_2O$）溶液：1 mol/L。

(3) NaCl 溶液：0.2％。

(4) 洗脱液：25％ $(NH_4)_2SO_4$溶液。

(5) $BaCl_2$溶液：12％。

(6) 三氯乙酸溶液：20％。

(7) 人造沸石（$Na_2O \cdot Al_2O_3 \cdot xSiO_2 \cdot yH_2O$）：过 60～80 目筛。

再生方法：使用过的沸石，先用自来水清洗，除去 $(NH_4)_2SO_4$，再用 0.2～0.3 mol/L NaOH 溶液和 1 mol/L NaCl 混合液洗至沸石呈白色，最后用水反复洗至pH 7～8，即可重新使用。

(8) 联二亚硫酸钠（$Na_2S_2O_4 \cdot 2H_2O$）。

四、操作步骤

1. 材料处理

取猪心（新鲜或冰冻），除尽脂肪、血管和韧带，洗尽积血，切块后用捣碎机捣碎。

2. 提取

称取心肌碎肉 150 g，于 1 000 mL 烧杯中，加蒸馏水 300 mL，搅拌。用 2 mol/L H_2SO_4溶液调 pH 至 4.0，使溶液呈暗紫色，室温下搅拌 2 h。用 1 mol/L 氨水溶液调 pH 至 6.0，数层纱布挤压过滤，收集滤液，滤渣加入 750 mL 水重复提取1 h，合并滤液。

3. 中和

用 1 mol/L 氨水溶液调节滤液 pH 至 7.2，静置 10 min，过滤，红色滤液用人造沸石柱吸附处理。

4. 吸附细胞色素 C

细胞色素 C 易被人造沸石吸附，吸附后可以用 25％ $(NH_4)_2SO_4$溶液洗脱，从而将细胞色素 C 与其他杂蛋白分开。方法如下：

取 11 g 人造沸石置于烧杯中，加水搅拌，倾泻法除去 12 s 内未下沉的细小颗粒。

安装玻璃柱，柱架垂直，柱下端连接乳胶管，用夹子封闭出口。柱内加入$\frac{2}{3}$水，装填人造沸石，避免柱内出现气泡（人造沸石需预先处理）。打开柱下端夹子，控制流出液速度约10 mL/min。此时吸附开始，人造沸石随时间增加，颜色逐渐由白变红，流出液为淡黄色或微红色。

吸附完毕，先后用自来水、蒸馏水洗至水清，再用0.2% NaCl溶液100 mL分3次洗涤沸石，再用蒸馏水洗至水清。或者取出红色人造沸石，置于烧杯中，用同样方法洗涤，重新装柱。用25%的 $(NH_4)_2SO_4$溶液洗脱，控制流速小于 2 mL/min，收集红色洗脱液，若颜色褪去则立即停止收集。人造沸石再生后可继续使用。

5. 盐析除杂蛋白

盐析的目的在于纯化。洗脱液中缓慢加入固体$(NH_4)_2SO_4$，其加入量为每 100 mL 洗脱液 20 g，边加边搅拌，静置 1～2 h 后，过滤或离心，除去杂蛋白，得到红色透明的细胞色素 C 滤液。

6. 沉淀析出

在 100 mL 细胞色素 C 滤液中，边搅拌边加入 2.5～5.0 mL 20%三氯乙酸溶液，细胞色素 C 沉淀析出，3 000 r/min 离心 15 min，倾出上清液，若上清液呈红色，加入三氯乙酸溶液后重复离心。

7. 透析除去 SO_4^{2-}

收集沉淀，用少许蒸馏水使其溶解，装入透析袋，放进内有蒸馏水的 500 mL 烧杯中，电磁搅拌器搅拌，每 15 min 换水一次，大约换水 3～5 次，用 $BaCl_2$溶液检查 SO_4^{2-} 是否已除尽。透析完成，得到清亮的细胞色素 C 粗品溶液。

8. 细胞色素 C 含量的测定

(1) 绘制标准曲线

还原型细胞色素 C 水溶液在波长 520 nm 处有最大光吸收。因此，通过细胞色素 C 浓度对相应的光吸收值的标准曲线的绘制，根据所测溶液的光吸收值，由标准曲线求出所测样品的含量。由于本方法制备的细胞色素 C 是氧化型和还原型的混合物，因此在测定含量时，要加入联二亚硫酸钠作还原剂，使混合物中的细胞色素 C 由氧化型变为还原型。

配制 81 mg/mL 标准品溶液，取 1 mL 用水稀释至 25 mL，按下表制作标准曲线。

表 2－14　细胞色素 C 标准曲线制作

管　号	1	2	3	4	5	6
标准品稀释液/mL	0	0.2	0.4	0.6	0.8	1.0
蒸馏水/mL	4	3.8	3.6	3.4	3.2	3.0
联二亚硫酸钠	每管各加入少许					
吸光度值($A_{520\ nm}$)						

以标准品稀释液体积(mL)或浓度值(mg/L)为横坐标，吸光度值($A_{520\ nm}$)为纵坐标，作出标准曲线。

(2) 样品测定

取样品 1 mL，稀释适当倍数，如 25 倍，取 1 mL，按照标准曲线的操作步骤，测定吸光度值 $A_{520\ nm}$。

五、结果与计算

根据所测得样品的吸光度值($A_{520\ nm}$)值，查标准曲线，得细胞色素C的浓度，即可计算出细胞色素C的含量。

六、注意事项

(1) 脂肪、血管韧带和积血等猪心的非心肌组织需尽量剔除。
(2) 提取、中和过程需注意调节pH，吸附、洗脱时应严格控制流速。
(3) 盐析时，固体硫酸铵不可一次快速加入，需边加边搅拌。
(4) 三氯乙酸溶液必须逐滴加入，搅匀，且加完后应尽快处理。
(5) 透析袋要检查是否完好无损。

七、思考题

(1) 除了盐析法之外，还有哪些方法能够除去杂蛋白?
(2) 如何判断透析袋是否完好无损?
(3) 本实验采用酸溶液提取、人造沸石吸附、硫酸铵溶液洗脱、三氯醋酸沉淀等步骤制备细胞色素C及其含量测定，各是根据什么原理?
(4) 请说出其他提取和纯化细胞色素C的方法？请写出相关的方法及原理。

第四节　酶的制备及活力测定

实验十七　淀粉酶活力测定

一、目的

学习和掌握淀粉酶(包括α-淀粉酶和β-淀粉酶)活力测定的原理和方法。

二、原理

淀粉是植物最主要的贮藏多糖，也是人和动物的重要食物和发酵工业的基本原料。淀粉经淀粉酶作用后生成葡萄糖、麦芽糖等小分子物质而被机体利用。淀粉酶几乎存在于所有植物中，特别是萌发后的禾谷类种子中，淀粉酶活力最强，其中主要是α-淀粉酶和β-淀粉酶。淀粉酶催化淀粉转化成还原糖，能使3,5-二硝基水杨酸还原，生成棕红色的3-氨基-5-硝基水杨酸，在540 nm波长处有最大光吸收，可以采用比色法实现定量。

两种淀粉酶特性不同。α-淀粉酶属于内切酶，可随机地作用于淀粉中的α-1,4-糖苷键，生成葡萄糖、麦芽糖、麦芽三糖、糊精等还原糖，同时使淀粉的黏度降低，因此又称为液化酶。α-淀粉酶不耐酸，在pH 3.6以下迅速钝化。β-淀粉酶属于外切酶，可从淀粉的非还原性末端进行水解，每次水解产生一分子麦芽糖，又被称为糖化酶。β-淀粉酶不耐热，在70 ℃下

15 min 钝化。根据这些特性，在测定活力时钝化其中之一，就可测出另一种淀粉酶的活力。本实验采用加热的方法钝化β-淀粉酶，测出α-淀粉酶的活力。在非钝化条件下测定淀粉酶总活力(α-淀粉酶活力和β-淀粉酶活力)，再减去α-淀粉酶的活力，就可求出β-淀粉酶的活力。

三、实验材料、主要仪器和试剂

1. 实验材料

萌发的小麦种子(芽长约 1 cm)。

2. 主要仪器

离心机；研钵；电炉；容量瓶：50 mL×1，100 mL×1；恒温水浴锅；具塞刻度试管：20 mL×13；试管及试管架；刻度吸管：2 mL×3，1 mL×2，10 mL×1；分光光度计。

3. 试剂(均为分析纯)

(1) 标准麦芽糖溶液(1 mg/mL)：精确称取 100 mg 麦芽糖，用蒸馏水溶解并定容至 100 mL。

(2) 3,5-二硝基水杨酸试剂：精确称取 3,5-二硝基水杨酸 1 g，溶于20 mL 2 mol/L NaOH 溶液中，加入 50 mL 蒸馏水，再加入 30 g 酒石酸钾钠，待溶解后用蒸馏水定容至 100 mL。盖紧瓶塞，勿使 CO_2 进入。若溶液浑浊可过滤后使用。

(3) 0.1 mol/L pH 5.6 的柠檬酸缓冲液。

A 液(0.1 mol/L 柠檬酸)：称取 $C_6H_8O_7 \cdot H_2O$ 21.01 g，用蒸馏水溶解并定容至 1 L。

B 液(0.1 mol/L 柠檬酸钠)：称取 $Na_3C_6H_5O_7 \cdot 2H_2O$ 29.41 g，用蒸馏水溶解并定容至 1 L。

取 A 液 55 mL 与 B 液 145 mL 混匀，即 0.1 mol/L pH 5.6 的柠檬酸缓冲液。

(4) 1%淀粉溶液：称取 1 g 淀粉溶于 100 mL 0.1 mol/L pH 5.6 的柠檬酸缓冲液中。

四、操作步骤

1. 麦芽糖标准曲线的制作

取 7 支干净的具塞刻度试管，编号，按表 2-15 加入试剂。

表 2-15　麦芽糖标准曲线制作

试　剂	管　号						
	1	2	3	4	5	6	7
麦芽糖标准液/mL	0	0.2	0.6	1.0	1.4	1.8	2.0
蒸馏水/mL	2.0	1.8	1.4	1.0	0.6	0.2	0
麦芽糖含量/mg	0	0.2	0.6	1.0	1.4	1.8	2.0
3,5-二硝基水杨酸/mL	2.0	2.0	2.0	2.0	2.0	2.0	2.0

摇匀，置沸水浴中煮沸 5 min。取出后流水冷却，加蒸馏水定容至 20 mL。以 1 号管作为空白调零点，在 540 nm 波长下比色测定吸光度。以麦芽糖含量为横坐标，吸光度值为纵坐标，绘制标准曲线。

2. 淀粉酶液的制备

称取 1 g 萌发 3 天的小麦种子(芽长约 1 cm),置于研钵中,加入少量石英砂和 2 mL 蒸馏水,研磨匀浆。将匀浆倒入离心管中,用 6 mL 蒸馏水分次将残渣洗入离心管。提取液在室温下放置提取 15～20 min,每隔数分钟搅动 1 次,使其充分提取。然后在 3 000 r/min 转速下离心 10 min,将上清液倒入 100 mL 容量瓶中,加蒸馏水定容至刻度线,摇匀,即淀粉酶原液,用于 α-淀粉酶活力测定。

吸取上述淀粉酶原液 10 mL,放入 50 mL 容量瓶中,用蒸馏水定容至刻度线,摇匀,即淀粉酶稀释液,用于淀粉酶总活力的测定。

3. 酶活力的测定

取 6 支干净的试管,编号,按表 2-16 进行操作。

表 2-16　酶活力测定取样表

操作项目	α-淀粉酶活力测定			β-淀粉酶活力测定		
	Ⅰ-1	Ⅰ-2	Ⅰ-3	Ⅱ-1	Ⅱ-2	Ⅱ-3
淀粉酶原液/mL	1.0	1.0	1.0	0	0	0
钝化 β-淀粉酶	置 70 ℃水浴 15 min,冷却					
淀粉酶稀释液/mL	0	0	0	1.0	1.0	1.0
3,5-二硝基水杨酸/mL	2.0	0	0	2.0	0	0
预保温	将各试管和淀粉溶液置于 40 ℃恒温水浴中保温 10 min					
1%淀粉溶液/mL	1.0	1.0	1.0	1.0	1.0	1.0
保温	在 40 ℃恒温水浴中准确保温 5 min					
3,5-二硝基水杨酸/mL	0	2.0	2.0	0	2.0	2.0
将各试管摇匀,显色后进行比色测定吸光度值 $A_{540\ nm}$,记录测定结果,操作同标准曲线						

五、结果与计算

计算Ⅰ-2、Ⅰ-3 吸光度值 $A_{540\ nm}$的平均值与Ⅰ-1 吸光度值 $A_{540\ nm}$之差,在标准曲线上查出相应的麦芽糖含量(mg),按下列公式计算 α-淀粉酶的活力。

$$\alpha\text{-淀粉酶活力[麦芽糖毫克数/样品鲜重(g)·5 min]} = \frac{\text{麦芽糖含量(mg)×淀粉酶原液总体积(mL)}}{\text{样品重(g)}}$$

计算Ⅱ-2、Ⅱ-3 吸光度值 $A_{540\ nm}$的平均值与Ⅱ-1 吸光度值 $A_{540\ nm}$之差,在标准曲线上查出相应的麦芽糖含量(mg),按下式计算 α-淀粉酶和 β-淀粉酶总活力。

$$\alpha\text{-淀粉酶和}\beta\text{-淀粉酶总活力[麦芽糖毫克数/样品鲜重(g)·5 min]} = \frac{\text{麦芽糖含量(mg)×淀粉原液总体积(mL)×稀释倍数}}{\text{样品重(g)}}$$

β-淀粉酶活力＝α-淀粉酶和 β-淀粉酶总活力－α-淀粉酶活力

六、注意事项

(1) 样品提取液的定容体积和酶液稀释倍数可根据不同材料酶活性的大小而定。

(2) 为了确保酶促反应时间的准确性，在进行保温这一步骤时，可以将各试管每隔一定时间依次放入恒温水浴中，准确记录时间，到达 5 min 时取出试管，立即加入 3,5-二硝基水杨酸以终止酶反应，以便尽量减小因各试管保温时间不同而引起的误差。同时恒温水浴温度变化应不超过±0.5 ℃。

(3) 如果条件允许，各实验小组可采用不同材料，例如萌发 1 d、2 d、3 d、4 d 的小麦种子，比较测定结果，以了解萌发过程中这两种淀粉酶活性的变化。

七、思考题

(1) 为什么要将Ⅰ-1、Ⅰ-2、Ⅰ-3 号试管中的淀粉酶原液置于 70 ℃水浴中保温 15 min?

(2) 为什么要将各试管中的淀粉酶原液和 1%淀粉溶液分别置于 40 ℃水浴中保温?

(3) Ⅰ-1 与Ⅱ-1 在测定结果计算中起什么作用?

实验十八 纤维素酶活力测定

一、目的

学习和掌握测定纤维素酶活力的原理和方法，了解纤维素酶的作用特性。

二、原理

纤维素酶是一种多组分酶，包括 C_1 酶、C_X 酶和 β-葡萄糖苷酶三种主要组分，纤维素酶活力通常代表纤维素酶的三种酶组分协同作用后的总酶活力。其中 C_1 酶的作用是将天然纤维素水解成无定形纤维素，C_X 酶的作用是将无定形纤维素继续水解成纤维寡糖，β-葡萄糖苷酶的作用是将纤维寡糖水解成葡萄糖。纤维素酶水解纤维素产生的纤维二糖、葡萄糖等还原糖能发生多种呈色反应，其有色物质在特定波长处有最大光吸收，在一定范围内还原糖的量与反应液的颜色强度呈比例关系，利用比色法测定其还原糖生成量就可测定纤维素酶的活力。本实验采用 3,5-二硝基水杨酸比色定糖法。

三、实验材料、主要仪器和试剂

1. 实验材料

纤维素酶制剂：500 mg，新华定量滤纸：50 mg/份×4，脱脂棉花：50 mg/份×4，羧甲基纤维素钠(CMC)：510 mg，水杨酸苷：500 mg。

2. 主要仪器

可见分光光度计；恒温水浴锅；沸水浴锅；电炉；剪刀；分析天平；恒温干燥箱；冰箱；试管及试管架；胶头滴管；具塞刻度试管：20 mL×24；移液管或加液器：0.5 mL×3，2 mL×7；容量瓶：100 mL×6，1 000 mL×3；量筒：50 mL×2，100 mL×1，500 mL×1；烧杯：100 mL×6，500 mL×3，1 000 mL×1。

3. 试剂(均为分析纯)

(1) 浓度为 1 mg/mL 的葡萄糖标准液

将葡萄糖在恒温干燥箱中105 ℃下干燥至恒重，准确称取100 mg于100 mL小烧杯中，用少量蒸馏水溶解后，移入100 mL容量瓶中用蒸馏水定容至100 mL，充分混匀。置于4 ℃冰箱中保存备用。

(2) 3,5-二硝基水杨酸(DNS)溶液

准确称取DNS 6.3 g于500 mL大烧杯中，用少量蒸馏水溶解后，加入2 mol/L NaOH溶液262 mL，再加到500 mL含有185 g酒石酸钾钠($C_4H_4O_6KNa \cdot 4H_2O$，MW=282.22)的热水溶液中，再加5 g结晶酚(C_6H_5OH，MW=94.11)和5 g无水亚硫酸钠(Na_2SO_3，MW=126.04)，搅拌溶解，冷却后移入1 000 mL容量瓶中用蒸馏水定容至1 000 mL，充分混匀。贮于棕色瓶中，室温放置一周后使用。

(3) 0.05 mol/L pH 4.5的柠檬酸缓冲液

A液(0.1 mol/L柠檬酸溶液)：准确称取$C_6H_8O_7 \cdot H_2O$(MW=210.14)21.014 g于500 mL大烧杯中，用少量蒸馏水溶解后，移入1 000 mL容量瓶中用蒸馏水定容至1 000 mL，充分混匀。置于4 ℃冰箱中保存备用。

B液(0.1 mol/L柠檬酸钠溶液)：准确称取$Na_3C_6H_5O_7 \cdot 2H_2O$($MW$=294.12)29.412 g于500 mL大烧杯中，用少量蒸馏水溶解后，移入1 000 mL容量瓶中，然后用蒸馏水定容至1 000 mL，充分混匀。置于4 ℃冰箱中保存备用。

取上述A液27.12 mL，B液22.88 mL，充分混匀后移入100 mL容量瓶中用蒸馏水定容至100 mL，充分混匀，即0.05 mol/L pH 4.5的柠檬酸缓冲液。置于4 ℃冰箱中保存备用，用于测定滤纸酶活力。

(4) 0.05 mol/L pH 5.0的柠檬酸缓冲液

取上述A液20.5 mL，B液29.5 mL，充分混匀后移入100 mL容量瓶中用蒸馏水定容至100 mL，充分混匀。即0.05 mol/L pH 5.0的柠檬酸缓冲液。置于4 ℃冰箱中保存备用。用于测定C_1酶活力。

(5) 0.51%羧甲基纤维素钠(CMC)溶液

精确称取0.51 g CMC于100 mL小烧杯中，加入适量0.05 mol/L pH 5.0的柠檬酸缓冲液，加热溶解后移入100 mL容量瓶中，并用0.05 mol/L pH 5.0的柠檬酸缓冲液定容至100 mL，用前充分摇匀。置于4 ℃冰箱中保存备用，用于测定C_X酶酶活力。

(6) 0.5%水杨酸苷溶液

准确称取0.5 g水杨酸苷于100 mL小烧杯中，用少量0.05 mol/L pH 4.5的柠檬酸缓冲液溶解后，移入100 mL容量瓶中并用0.05 mol/L pH 4.5的柠檬酸缓冲液定容至100 mL，充分混匀。置于4 ℃冰箱中保存备用，用于测定β-葡萄糖苷酶活力。

(7) 纤维素酶液的配制

准确称取纤维素酶制剂500 mg于100 mL小烧杯中，用少量蒸馏水溶解后，移入100 mL容量瓶中，用蒸馏水定容至100 mL，此酶液的浓度为5 mg/mL，置于4 ℃冰箱中保存备用。

四、操作方法和步骤

1. 葡萄糖标准曲线的制作

取8支洗净烘干的20 mL具塞刻度试管，编号后按表2-17加入标准葡萄糖溶液和蒸馏

水，配制成一系列不同浓度的葡萄糖溶液。

表 2-17　葡萄糖标准曲线制作

管　号	1	2	3	4	5	6	7	8
葡萄糖标液/mL	0	0.2	0.4	0.6	0.8	1.0	1.2	1.4
蒸　馏　水/mL	2.0	1.8	1.6	1.4	1.2	1.0	0.8	0.6
葡萄糖含量/mg	0	0.2	0.4	0.6	0.8	1.0	1.2	1.4

充分摇匀后，向各试管中加入 1.5 mL DNS 溶液，摇匀后沸水浴 5 min，取出冷却后用蒸馏水定容至 20 mL，充分混匀。在 540 nm 波长下，以 1 号试管溶液作为空白对照，调零点，测定其他各管溶液的吸光度值并记录结果。以葡萄糖含量(mg)为横坐标，以对应的吸光度值 $A_{540\ nm}$ 为纵坐标，绘制出葡萄糖标准曲线。

2. 滤纸酶活力的测定

取 4 支洗净烘干的 20 mL 具塞刻度试管，编号后各加入 0.5 mL 酶液和 1.5 mL 0.05 mol/L pH 4.5 的柠檬酸缓冲液，向 1 号试管中加入 1.5 mL DNS 溶液以钝化酶活性，作为空白对照，用于比色时调零。将 4 支试管同时在 50 ℃水浴中预热 5～10 min，再各加入滤纸条 50 mg(新华定量滤纸，约 1 cm ×6 cm)，于 50 ℃ 水浴中保温 1 h 后取出立即向 2、3、4 号试管中各加入 1.5 mL DNS 溶液以终止酶反应，充分摇匀后沸水浴 5 min，取出冷却后用蒸馏水定容至 20 mL，充分混匀。以 1 号试管溶液为空白对照调零点，在 540 nm 波长下测定 2、3、4 号试管液的吸光度值并记录结果。

根据 3 个重复吸光度的平均值，在标准曲线上查出对应的葡萄糖含量，按下式计算出滤纸酶活力(U/g)。在上述条件下，每小时由底物生成 1 μmol 葡萄糖所需的酶量定义为一个酶活力单位(U)。

$$\text{滤纸酶活力(U/g)}=\frac{\text{葡萄糖含量(mg)}\times\text{酶液定容总体积(mL)}\times 5.56}{\text{反应液中酶液加入量(mL)}\times\text{样品重(g)}\times\text{时间(h)}}$$

式中：5.56 为 1 mg 葡萄糖的 μmol 数(1 000/180=5.56)。

3. C_1 酶活力的测定

将 5 mg/mL 的原酶液稀释 10～15 倍，以脱脂棉为底物，测定 C_1 酶活力。

取 4 支洗净烘干的 20 mL 具塞刻度试管，编号后各加入 50 mg 脱脂棉，加入 1.5 mL 0.05 mol/L pH 5.0 的柠檬酸缓冲液，并向 1 号试管中加入 1.5 mL DNS 溶液以钝化酶活性，作为空白对照，用于比色时调零。将 4 支试管同时在 45 ℃ 水浴中预热 5～10 min，再各加入适当稀释后的酶液 0.5 mL，于 45 ℃水浴中保温 24 h 后取出，立即向 2、3、4 号试管中各加入 1.5 mL DNS 溶液以终止酶反应，充分摇匀后沸水浴 5 min，取出冷却后用蒸馏水定容至 20 mL，充分混匀。以1 号试管溶液为空白对照调零点，在 540 nm 波长下测定 2、3、4 号试管液的吸光度值并记录结果。

根据 3 个重复吸光度的平均值，在标准曲线上查出对应的葡萄糖含量，按下式计算出 C_1 酶活力(U/g)。在上述条件下反应 24 h，由底物生成 1 μmol 葡萄糖所需的酶量定义为一个酶活力单位(U)。

$$C_1\text{酶活力(U/g)}=\frac{\text{葡萄糖含量(mg)}\times\text{酶液定容总体积(mL)}\times\text{稀释倍数}\times 5.56\times 24}{\text{反应液中酶液加入量(mL)}\times\text{样品重(g)}\times\text{时间(h)}}$$

式中:24 为酶活力定义中的 24 h。

4. C_X酶活力的测定

将 5 mg/mL 的原酶液稀释 5 倍,以羧甲基纤维素钠(CMC)为底物,测定 C_X酶活力。

取 4 支洗净烘干的 20 mL 具塞刻度试管,编号后各加入 1.5 mL 0.51%CMC 柠檬酸缓冲液,并向 1 号试管中加入 1.5 mL DNS 溶液以钝化酶活性,作为空白对照,用于比色时调零。将 4 支试管同时在 50 ℃水浴中预热 5～10 min,再各加入稀释 5 倍后的酶液 0.5 mL,于 50 ℃水浴中保温 30 min 后取出,立即向 2、3、4 号试管中各加入 1.5 mL DNS 溶液以终止酶反应,充分摇匀后沸水浴 5 min,取出冷却后用蒸馏水定容至 20 mL,充分混匀。以 1 号试管溶液为空白对照调零点,在 540 nm 波长下测定 2、3、4 号试管液的吸光度值并记录结果。

根据 3 个重复吸光度的平均值,在标准曲线上查出对应的葡萄糖含量,按下式计算出 C_X 酶活力(U/g)。在上述条件下,每小时由底物生成 1 μmol 葡萄糖所需的酶量定义为一个酶活力单位(U)。

$$C_X\text{酶活力 (U/g)}=\frac{\text{葡萄糖含量(mg)}\times\text{酶液定容总体积(mL)}\times\text{稀释倍数}\times 5.56}{\text{反应液中酶液加入量(mL)}\times\text{样品重(g)}\times\text{时间(h)}}$$

5. β-葡萄糖苷酶活力的测定

取 4 支洗净烘干的 20 mL 具塞刻度试管,编号后各加入 1.5 mL 0.5%水杨酸苷柠檬酸缓冲液,并向 1 号试管中加入 1.5 mL DNS 溶液以钝化酶活性,作为空白对照,用于比色时调零。将 4 支试管同时在 50 ℃水浴中预热 5～10 min,再各加入酶液 0.5 mL,于 50 ℃水浴中保温 30 min 后取出,立即向 2、3、4 号试管中各加入 1.5 mL DNS 溶液以终止酶反应,充分摇匀后沸水浴 5 min,取出冷却后用蒸馏水定容至 20 mL,充分混匀。以 1 号试管溶液为空白对照调零点,在 540 nm波长下测定 2、3、4 号试管液的吸光度值并记录结果。

根据 3 个重复吸光度的平均值,在标准曲线上查出对应的葡萄糖含量,按下式计算出 β-葡萄糖苷酶活力(U/g)。在上述条件下,每小时由底物生成 1 μmol 葡萄糖所需的酶量定义为一个酶活力单位(U)。

$$\beta\text{-葡萄糖苷酶活力(U/g)}=\frac{\text{葡萄糖含量(mg)}\times\text{酶液定容总体积(mL)}\times 5.56}{\text{反应液中酶液加入量(mL)}\times\text{样品重(g)}\times\text{时间(h)}}$$

五、结果与计算

1. 葡萄糖标准曲线的制作

按照表 2-18 填写数据,根据实验中各管号测得的吸光度值($A_{540\ nm}$),以葡萄糖含量(mg)为横坐标,以对应的吸光度值为纵坐标,绘制葡萄糖标准曲线。

表 2-18 标准曲线测定数据列表

管 号	1	2	3	4	5	6	7	8
葡萄糖含量/mg	0	0.2	0.4	0.6	0.8	1.0	1.2	1.4
吸光度($A_{540\ nm}$)	0							

2. 滤纸酶活力的测定结果计算

按照表 2-19 填写数据,根据滤纸酶活力公式,计算出滤纸酶活力(U/g)。

表 2-19　滤纸酶活力的测定数据列表

管　号	1	2	3	4	三管平均值
吸光度值($A_{540\ nm}$)	0				
葡萄糖含量/mg	0				

滤纸酶活力计算公式如下：

$$\text{滤纸酶活力(U/g)}=\frac{\text{葡萄糖含量(mg)}\times 100\text{(mL)}\times 5.56}{0.5\text{(mL)}\times 0.5\text{(g)}\times 1\text{(h)}}$$

3. C_1酶活力的测定结果计算

按照表 2-20 填写数据，根据C_1酶活力公式，计算出C_1酶活力(U/g)。

表 2-20　C_1酶活力的测定数据列表

管　号	1	2	3	4	三管平均值
吸光度值($A_{540\ nm}$)	0				
葡萄糖含量/mg	0				

C_1酶活力计算公式如下：

$$C_1\text{酶活力(U/g)}=\frac{\text{葡萄糖含量(mg)}\times 100\text{(mL)}\times \text{稀释倍数}\times 5.56\times 24}{0.5\text{(mL)}\times 0.5\text{(g)}\times 24\text{(h)}}$$

4. C_X酶活力的测定结果计算

按照表 2-21 填写数据，根据C_X酶活力公式，计算出C_X酶活力(U/g)。

表 2-21　C_X酶活力的测定数据列表

管　号	1	2	3	4	三管平均值
吸光度值($A_{540\ nm}$)	0				
葡萄糖含量/mg	0				

C_X酶活力计算公式如下：

$$C_X\text{酶活力 (U/g)}=\frac{\text{葡萄糖含量(mg)}\times 100\text{(mL)}\times 5\text{(倍)}\times 5.56}{0.5\text{(mL)}\times 0.5\text{(g)}\times 0.5\text{(h)}}$$

5. β-葡萄糖苷酶活力的测定结果计算

按照表 2-22 填写数据，根据β-葡萄糖苷酶活力公式，计算出β-葡萄糖苷酶活力(U/g)。

表 2-22　β-葡萄糖苷酶活力的测定数据列表

管　号	1	2	3	4	三管平均值
吸光度值($A_{540\ nm}$)	0				
葡萄糖含量/mg	0				

β-葡萄糖苷酶活力计算公式如下：

$$\beta\text{-葡萄糖苷酶活力 (U/g)}=\frac{\text{葡萄糖含量 (mg)}\times 100\text{(mL)}\times 5.56}{0.5\text{(mL)}\times 0.5\text{(g)}\times 0.5\text{(h)}}$$

六、注意事项

(1) DNS 溶液配制时，必须边倒边搅拌，将含 DNS 的 NaOH 溶液加到含酒石酸钾钠的热水溶液中,一定要慢倒,以防被烫。

(2) 纤维素酶液的浓度可根据不同酶制剂的活力而相应调整。如果酶活力高,酶浓度可小些;反之,酶活力低时,酶浓度则大些。

(3) 在测定时,调零用1号管液一定在相应的各管液测定完成后,方可从比色杯中弃掉。

(4) 测定酶活力时,滤纸条和脱脂棉等底物一定要充分浸入在反应液中。

(5) 用移液管或加液器加各试剂时,不能将移液管或取液枪头混用。

七、思考题

(1) 为什么用产物的生成量来定义酶活力单位而不用底物减少量来定义?

(2) DNS为什么能钝化纤维素酶活性?

(3) 为什么在测定 C_1 酶活力和 C_X 酶活力时,酶液要稀释?

实验十九 超氧化物歧化酶活力测定

一、目的

学习和掌握硝基四氮唑蓝(NBT)光化还原法测定超氧化物歧化酶(SOD)活力的原理和方法,了解超氧化物歧化酶的作用特性。

二、原理

超氧自由基(O_2^-)是生物细胞某些生理生化反应常见的中间产物。自由基是本身带有不成对价电子的分子、原子、原子团或离子,化学性质非常活泼,是活性氧的一种。如果细胞中缺乏清除自由基的酶,机体就会受到各种损伤。超氧化物歧化酶(Superoxide Dismutase,SOD)能通过歧化反应清除生物细胞中的超氧自由基(O_2^-),生成 H_2O_2 和 O_2,从而减少自由基对有机体的毒害。SOD的研究及应用,已在化妆品添加剂、饮料及医药方面显示了特殊效果。

SOD是含金属辅基的酶。高等植物含有两种类型的SOD:Mn-SOD和Cu·Zn-SOD,它们都催化下列反应:

$$2O_2^- + 2H^+ \xrightarrow{SOD} H_2O_2 + O_2$$

由于超氧自由基(O_2^-)为不稳定自由基,寿命极短,通常采用间接法测定SOD活力,可以利用各种呈色反应来测定SOD的活力。核黄素在有氧条件下能产生超氧自由基负离子 O_2^-,使硝基四氮唑蓝(NBT)由黄色氧化型转变成蓝色还原型,在560 nm波长下有最大吸收。SOD可以使超氧自由基与 H^+ 结合生成 H_2O_2 和 O_2,从而抑制了NBT光还原的进行,使蓝色物质生成速度减慢。抑制NBT光还原相对百分率与酶活性在一定范围内呈正比,在反应液中加入SOD酶液,一定时间光照后测定560 nm处的吸光度,SOD活力越强则颜色越淡,空白对照为蓝色。因此,利用光度比色法可以直接测定SOD样品反应液和空白对照的吸光度,二者比较后即可计算SOD活性。

三、实验材料、主要仪器和试剂

1. 实验材料

小麦、玉米、水稻、棉花等新鲜叶片。

2. 主要仪器

可见分光光度计;分析天平;高速冷冻离心机及离心管:5 mL 数个;冰箱;光照箱:4 500 lux;带盖瓷盘:1 个/处理;移液管架;研钵;微烧杯:10～15 mL,8 个/处理;移液管或加样器:0.5 mL×4,1 mL×2,2 mL×2,5 mL×1;微量进样器:50 μL×2,100 μL×2;烧杯:50 mL×3,100 mL×5,500 mL×1,1 000 mL×2;量筒:50 mL×1,100 mL×2;容量瓶:50 mL×1,100 mL×5,250 mL×1,1 000 mL×2;细口瓶:125 mL×5。

3. 试剂

(1) 0.1 mol/L pH 7.8 磷酸钠(Na_2HPO_4-NaH_2PO_4)缓冲液

A 液(0.1 mol/L Na_2HPO_4 溶液):准确称取 $Na_2HPO_4 \cdot 12H_2O$(*MW*＝358.14)3.581 4 g 于 100 mL 小烧杯中,用少量蒸馏水溶解后,移入 100 mL 容量瓶中用蒸馏水定容至刻度,充分混匀。置于 4 ℃冰箱中保存备用。

B 液(0.1 mol/L NaH_2PO_4溶液):准确称取 $NaH_2PO_4 \cdot 2H_2O$ (*MW*＝156.01)0.780 g 于 50 mL 小烧杯中,用少量蒸馏水溶解后,移入 50 mL 容量瓶中,用蒸馏水定容至刻度,充分混匀。置于 4 ℃冰箱中保存备用。

取上述 A 液 183 mL 与 B 液 17 mL 充分混匀后即为 0.1 mol/L pH 7.8 的磷酸钠缓冲液。置于4 ℃冰箱中保存备用。

(2) 0.026 mol/L 蛋氨酸(Met)磷酸钠缓冲液

准确称取 L-蛋氨酸($C_5H_{11}NO_2S$,*MW*＝149.21)0.387 9 g 于 100 mL 小烧杯中,用少量 0.1 mol/L pH 7.8 的磷酸钠缓冲液溶解后,移入 100 mL 容量瓶中,并用 0.1 mol/L pH 7.8 的磷酸钠缓冲液定容至刻度线,充分混匀(现用现配)。置于 4 ℃冰箱中保存可用 1～2 d。

(3) 7.5×10^{-4} mol/L NBT 溶液

准确称取 NBT($C_4OH_3OCl_2N_{10}O_6$,*MW*＝817.7)0.153 3 g 于 100 mL 小烧杯中,用少量蒸馏水溶解后,移入 250 mL 容量瓶中,用蒸馏水定容至刻度线,充分混匀(现配现用)。置于 4 ℃冰箱中保存可用 2～3 d。

(4) 含 1.0 μmol/L EDTA 的 2×10^{-5} mol/L 核黄素溶液

A 液:准确称取 EDTA(*MW*＝292)0.002 92 g 于 50 mL 小烧杯中,用少量蒸馏水溶解。

B 液:准确称取核黄素(*MW*＝376.36)0.075 3 g 于 50 mL 小烧杯中,用少量蒸馏水溶解。

C 液:合并 A 液和 B 液,移入 100 mL 容量瓶中,用蒸馏水定容至刻度线,此溶液为含 0.1 mmol/L EDTA 的 2 mmol/L 核黄素溶液。置于 4 ℃ 冰箱中保存可用 8～10 d。该溶液应避光保存,即用黑纸将装有该液的棕色瓶包好。置于 4 ℃ 冰箱中保存。

当测定 SOD 酶活时,将 C 液稀释 100 倍,即为含 1.0 μmol/L EDTA 的2×10^{-5}mol/L 核黄素溶液。

(5) 0.05 mol/L pH 7.8 磷酸钠缓冲液

取 0.1 mol/L pH 7.8 的磷酸钠缓冲液 50 mL,移入 100 mL 容量瓶中,用蒸馏水定容至刻度线，充分混匀。置于 4 ℃ 冰箱中保存备用。

(6) 石英砂。

四、操作方法和步骤

1. *酶液的制备*

按每克鲜叶加入 3 mL 0.05 mol/L pH 7.8 磷酸钠缓冲液，加入少量石英砂，于冰浴中的研钵内研磨成匀浆，定容到 5 mL 刻度离心管中，于 8 500 r/min(10 000 g)冷冻离心 30 min，上清液为 SOD 酶粗提液。

2. *酶活力的测定*

每个处理取 8 个洗净干燥好的微烧杯编号，按表 2－23 加入各试剂及酶液，反应系统总体积为 3 mL。其中 4～8 号杯中磷酸钠缓冲液量和酶液量可根据实验材料中酶液浓度及酶活力进行调整(如酶液浓度大、活性强时，酶用量适当减少)。

表 2－23　反应系统中各试剂及酶液的加入量(mL)

管号	试剂(5)	试剂(2)	试剂(3)	酶　液	试剂(4)
1	0.9	1.5	0.3	0	0.3
2	0.9	1.5	0.3	0	0.3
3	0.9	1.5	0.3	0	0.3
4	0.85	1.5	0.3	0.05	0.3
5	0.80	1.5	0.3	0.10	0.3
6	0.75	1.5	0.3	0.15	0.3
7	0.70	1.5	0.3	0.20	0.3
8	0.65	1.5	0.3	0.25	0.3

各试剂按顺序加入，充分混匀，取 1 号微烧杯置于暗处，作为空白对照，用于比色时调零。其余 7 个微烧杯均放在温度为 25 ℃，光强为 4 500 lux 的光照箱内(安装有 3 根 20 W 的日光灯管)光照 15 min，然后立即遮光终止反应。在 560 nm 波长下以 1 号杯液调零，测定各杯液吸光度值($A_{560\ nm}$)并记录结果。以 2、3 号杯液吸光度值的平均值作为抑制 NBT 光还原率 100%，根据其他各杯液的吸光度值分别计算出不同酶液量的各反应系统中抑制 NBT 光还原的相对百分率。以酶液用量为横坐标，以抑制 NBT 光还原相对百分率为纵坐标，作出二者相关曲线。找出 50%抑制率的酶液量(μL)作为一个酶活力单位(U)。

五、结果与计算

1. *酶活力单位计算*

按照表 2－24 填入各杯号所测得的 560 nm 波长下各杯液的吸光度值，以酶液加入量为横坐标，以抑制 NBT 光还原相对百分率为纵坐标，在坐标纸上绘制出二者相关曲线。找出 50%抑制率的酶液量(μL)作为一个酶活力单位(U)。

表 2-24　测定数据列表

杯　号	1	2	3	4	5	6	7	8	2、3 号平均值
酶液量/mL	0	0	0	0.05	0.10	0.15	0.20	0.25	—
吸光度($A_{560\ nm}$)	0								
抑制率(%)	—	100	100						100

2. 计算 SOD 酶活力

按下式计算 SOD 酶活力：

$$A=\frac{V\times 1\,000\times 60}{B\times W\times T}$$

式中，A：为酶活力[酶活力单位：U/g(FW)・h]；

V：为酶提取液总体积，mL；

B：为一个酶活力单位的酶液量，μL；

W：为样品鲜重，g；

T：为反应时间，min；

1 000：为 1 mL = 1 000 μL；

60：为 1 h = 60 min。

3. 计算抑制率

抑制率按下式计算：

$$抑制率=\frac{D_1-D_2}{D_1}\times 100\%$$

式中，D_1：2、3 号杯液的吸光度平均值；

D_2：加入不同酶液量的各杯液的吸光度值。

有时因测定样品的数量多，每个样品均按此法测定酶活力工作量将会很大，也可每个样品只测定 1 个或 2 个酶液用量的吸光度值，按下式计算酶活力。

$$A=\frac{(D_1-D_2)\times V\times 1\,000\times 60}{D_1\times B\times W\times T\times 50\%}$$

式中，D_1：2、3 号杯液的吸光度平均值；

D_2：测定样品酶液的吸光度值；

50%：抑制率 50%；

其他各因子代表的内容与上述 SOD 酶活力计算公式的各因子代表的内容相同。

六、注意事项

(1) 富含酚类物质的植物(如茶叶)在匀浆时产生大量的多酚类物质，会引起酶蛋白不可逆沉淀，使酶失去活性，因此在提取此类植物 SOD 酶时，必须添加多酚类物质的吸附剂，将多酚类物质除去，避免酶蛋白变性失活，一般在提取液中加 1%～4%的聚乙烯吡咯烷酮(PVP)。

(2) 测定时的温度和光化反应时间必须严格控制一致。为保证各微烧杯所受光强一致，所有微烧杯应排列在与日光灯管平行的直线上。

(3) NBT 光还原的反应速度随反应温度的升高而加快，也随光照强度增加而加快，因此，需灵活控制光照距离。

七、思考题

(1) 为什么SOD酶活力不能直接测得？

(2) 超氧自由基为什么能对机体活细胞产生危害，SOD酶如何减少超氧自由基的毒害？

实验二十　过氧化物酶活性的测定

一、目的

学习并掌握过氧化物酶活性测定的原理及方法。

二、原理

过氧化物酶广泛存在于植物体中，活性较高，与呼吸作用、光合作用及生长素的氧化等有关。过氧化物酶的活性随植物生长发育过程变化而变化，一般老化组织中活性较高，幼嫩组织中活性较弱。这是因为过氧化物酶能使组织中所含的某些碳水化合物转化成木质素，增加木质化程度，而且发现早衰减产的水稻根系中过氧化物酶的活性增加，所以过氧化物酶可作为组织老化的一种生理指标。此外，过氧化物同工酶在遗传育种中的重要作用也正在受到重视。

过氧化物酶催化过氧化氢氧化酚类的反应，产物为醌类化合物，此化合物进一步缩合或与其他分子缩合，产生颜色较深的化合物。本实验以邻甲氧基苯酚（即愈创木酚）为过氧化物酶的底物，在此酶存在下，H_2O_2可将邻甲氧基苯酚氧化成红棕色的4-邻甲氧基苯酚，其反应为：

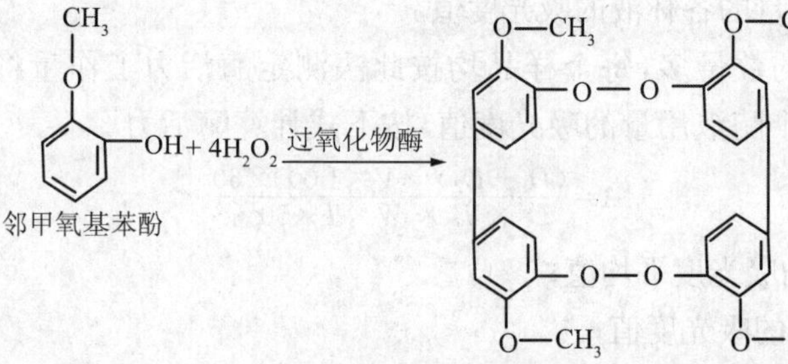

邻甲氧基苯酚 $+ 4H_2O_2 \xrightarrow{\text{过氧化物酶}}$ 4-邻甲氧基苯酚（红棕色）

红棕色的物质可用分光光度计在470 nm处测定其吸光度值，即可求出该酶的活性。

三、实验材料、主要仪器和试剂

1. 实验材料

水稻根系、马铃薯块茎等。

2. 仪器

分光光度计；移液管；离心机；秒表；研钵；天平。

3. 试剂

(1) 0.1 mol/L Tris-HCl缓冲液(pH 8.5)

取 12.114 g 三羟甲基氨基甲烷(Tris)，加水稀释，用 HCl 调 pH 8.5 后定容至 1 000 mL。

(2) 0.2 mol/L 磷酸缓冲液(pH 6.0)

A 液：0.2 mol/L NaH_2PO_4溶液(27.8 g $NaH_2PO_4 \cdot H_2O$ 配成 1 000 mL)。

B 液：0.2 mol/L Na_2HPO_4溶液(53.65 g $Na_2HPO_4 \cdot 7H_2O$ 或 71.7 g $Na_2HPO_4 \cdot 12H_2O$ 配成1 000 mL)。

分别取贮备液 A 87.7 mL 与贮备液 B 12.3 mL 充分混匀并稀释至 200 mL。

(3) 反应混合液

取 0.2 mol/L 磷酸缓冲液(pH 6.0)50 mL，过氧化氢 0.028 mL，愈创木酚 0.019 mL 混合。

四、操作步骤

1. 酶液提取

取不同水稻根系(根系表面水分吸干)1 g，剪碎置于研钵中，加 5 mL 0.1 mol/L Tris－HCl缓冲液(pH 8.5)，研磨成匀浆，以 4 000 r/min 离心5 min，倾出上清液，必要时残渣再用5 mL 缓冲液提取一次，合并两次上清液，保存在冰箱(或冷处)备用。

2. 比色

取光径 1 cm 比色杯 2 个，向其中之一加入上述酶液 1 mL(如酶活性过高可稀释之)，再加入反应混合液 3 mL，立即开启秒表记录时间；而向另一比色杯中加入 0.2 mol/L 磷酸缓冲液(pH 6.0)，作为零对照。每隔 30 s 记录一次，用分光光度计在 470 nm 波长下测定反应 5 min 内的吸光度值。

五、结果与计算

以每分钟吸光度值 $A_{470\ nm}$变化表示酶活性大小，即以每分钟 $A_{470\ nm}$变化0.01为 1 个活力单位，计算出过氧化物酶活力。

$$过氧化物酶活力=\frac{\Delta A_{470\ nm}}{\min \cdot mg(FW)}$$

六、注意事项

酶的提取与纯化需在低温下进行。

七、思考题

(1) 试述酶活力的定义。

(2) 测定酶的活力要注意控制哪些条件？

实验二十一　固定化木瓜蛋白酶的制备

一、目的

了解和掌握固定化酶的制备原理和方法。

二、原理

用物理或化学方法处理水溶性酶，使之变成不溶于水或固定于固相载体的酶衍生物称为固定化酶。在催化反应中，固定化酶以固相状态作用于底物，反应完成后，容易与水溶性反应物分离，可反复使用。与水溶性酶相比，固定化酶仍具有酶的特异性和高效性等特点；稳定性增加；不与产品混合，易从反应系统中分离；能反复多次使用，延长使用寿命；便于运输和贮存；有利于大批量、连续化、自动化生产，具有较高的经济效益。作为生物体内的酶的模拟，将酶制成固定化酶，有助于了解微环境对酶功能的影响。固定化酶是近十余年发展起来的酶应用技术，在工业生产、化学分析和医药等方面有诱人的应用前景。

酶的固定化方法有吸附法、包埋法、共价键结合法、交联法等。本实验采用尼龙固定化木瓜蛋白酶，该法属于共价键结合法。在 HCl 作用下，尼龙载体长链中的酰胺键水解，产生游离—NH—基，在一定条件下与交联剂戊二醛中的—CHO 基缩合，戊二醛中的另一个—CHO 基则与酶中的游离氨基缩合，形成固定化酶。

三、实验材料、主要仪器和试剂

1. 实验材料

尼龙布，140 目，裁剪成 3 cm×3 cm 大小。

2. 主要仪器

恒温水浴锅、冰箱、紫外分光光度计。

3. 试剂

(1) 18%～20% $CaCl_2$溶液。

(2) 甲醇。

(3) 3～6 mol/L HCl 溶液。

(4) 0.2 mol/L 硼酸溶液 pH 8.5。

(5) 5%戊二醛溶液：用 0.2 mol/L 硼酸缓冲液配制，pH 8.5。

(6) 0.1 mol/L 硼酸缓冲液，pH 7.8。

(7) 1 mg/mL 木瓜蛋白酶溶液。

(8) 0.5 mol/L NaCl 溶液：用 0.1 mol/L 磷酸缓冲液配制。

(9) 0.1 mol/L 磷酸缓冲液，pH 7.2。

(10) 激活剂：20 mmol/L 半胱氨酸和 1 mmol/L EDTA 的混合液，0.1 mol/L pH 7.2 磷酸缓冲液配制。

(11) 0.5%酪蛋白溶液：0.1 mol/L pH 7.2 磷酸缓冲液配制。

(12) 10%三氯乙酸溶液。

四、操作步骤

1. 制备固定化酶

(1) 取 5 块尼龙布，洗净晾干，室温下浸入含 18.6% $CaCl_2$和 18.6%水的甲醇溶液中 10 s

左右，待尼龙布发粘后取出，用水冲去污物，吸水纸吸干。

(2) 浸入 3～6 mol/L HCl 溶液使其水解，30～45 min 后用水冲洗至中性。

(3) 用 5%戊二醛溶液浸泡尼龙布 20 min，使其偶联。

(4) 取出尼龙布，用 pH 7.8 的 0.1 mol/L 磷酸缓冲液反复洗涤，除去多余的戊二醛，吸干。于 4 ℃条件下，立即放入 0.5～1 mg/mL 酶液，固定 3.5 h，按照每块尼龙布 0.8 mL 酶液用量添加。

(5) 取出尼龙布，保留剩余酶液用于测定酶活力。用 0.1 mol/L 磷酸缓冲液配制的 0.5 mol/L NaCl 溶液洗去尼龙上的多余酶蛋白，得固定化酶。

2. 测定酶活力

(1) 溶液酶活力测定

取 0.2 mL 酶液，加入 0.8 mL 激活剂，37 ℃预热 10 min，加入 37 ℃预热的 0.5%酪蛋白溶液 1 mL，准确反应 10 min，加入 10%三氯乙酸溶液灭酶，终止反应。对照管先加入三氯乙酸溶液，后加入酪蛋白溶液，其他与测定管相同。4 000 r/min 离心 5 min，取上清液测定 280 nm 处的吸光度值。

酶活力单位定义为：每分钟增加 0.001 个吸光度值为 1 个酶单位(U)。

(2) 残留酶活力测定

方法同溶液酶活力测定。

(3) 固定化酶活力测定

取一块尼龙布固定化酶，加入 2 mL 激活剂，其余步骤与溶液酶测定相同。

五、结果与计算

$$\text{活力回收}(\%)=\frac{\text{固定化酶总活力数}}{\text{溶液酶总活力数}}\times 100$$

$$\text{相对活力}(\%)=\frac{\text{固定化酶总活力数}}{\text{溶液酶总活力数}-\text{残留酶活力数}}\times 100$$

六、注意事项

(1) 本实验的关键在于处理尼龙布，既要让其充分活化，又不能破碎。

(2) 固定化酶液浓度以 0.5～1.0 mg/mL 为宜，每块尼龙布用量控制在 0.8 mL。

(3) 要准确控制酶反应时间。

七、思考题

(1) 酶的固定化方法除了共价键结合法之外，还有什么方法?

(2) 如果酶反应的产物有特殊要求，应怎样选择固定化方法?

(3) 固定化酶有哪些优缺点?

第五节　核酸分离及定量分析

实验二十二　酵母 RNA 的分离与纯化

一、目的

学习和掌握酵母 RNA 的分离和初步纯化的原理和方法,从而加深对核酸性质的认识。

二、原理

微生物是工业上大量生产核酸的原料,酵母是 RNA 提制的理想材料。酵母核酸中主要是 RNA(2.67%～10.0%),DNA 很少(0.03%～0.516%),菌体容易收集,且 RNA 易于分离。此外,抽提后的菌体蛋白质(占干菌体的 50%)仍具有很高的应用价值。

RNA 的提取方法有稀碱法、浓盐法和苯酚法等,在工业生产上常用的是稀碱法和浓盐法。稀碱法是在稀碱条件下破碎细胞壁,释放 RNA,该法提取时间短,但 RNA 在稀碱条件下不稳定,容易被碱分解。浓盐法是在加热的条件下,利用高浓度的盐改变细胞膜的透性,释放 RNA,此法易掌握,产品颜色较好。苯酚法是实验室常用方法,缓冲条件下,组织匀浆用苯酚处理并离心后,RNA 即溶于上层被酚饱和的水相中,DNA 和蛋白质则留在酚层中,向水层加入乙醇后,RNA 即以白色絮状沉淀析出,此法能较好地除去 DNA 和蛋白质,提取的 RNA 具有生物活性,得到纯度高且状态自然的 RNA。

本实验采用浓盐法提取 RNA,浓盐及加热条件下 RNA 从细胞中释放,与蛋白质分离,然后除去菌体,再根据核酸在等电点时溶解度最小的性质,将 pH 调至 2.0～2.5,使 RNA 沉淀,进行离心收集。然后运用 RNA 不溶于有机溶剂乙醇的特性,以乙醇洗涤 RNA 沉淀,达到初步纯化的目的。使用浓盐法提出 RNA 时应注意掌握温度,避免在 20～70 ℃之间停留时间过长,因为这是磷酸二酯酶和磷酸单酯酶作用的温度范围,会使 RNA 因降解而降低提取率。在 90～100 ℃条件下加热可使蛋白质变性,破坏磷酸二酯酶和磷酸单酯酶,有利于 RNA 的提取。

三、实验材料、主要仪器和试剂

1. 实验材料

活性干酵母;pH 0.5～5.0 的精密试纸;冰块。

2. 主要仪器

分析天平;三角瓶:100 mL;量筒:50 mL;恒温水浴锅;电炉;试管及试管木夹;离心机;烧杯:250 mL,50 mL, 10 mL;滴管及玻棒;吸滤瓶:500 mL;布氏漏斗:60 mm;表面皿:8 cm;恒温烘箱;干燥器;紫外分光光度计。

3. 试剂

NaCl;6 mol/L HCl;95%乙醇。

四、操作步骤

1. 提取

准确称取活性干酵母粉 5 g，倒入 100 mL 三角瓶中，加入 NaCl 固体 5 g，水 50 mL，搅拌均匀，置于沸水浴中提取 1 h。

2. 分离

将上述提取液取出，立即用自来水冷却，装入大离心管内，以 3 500 r/min 离心 10 min，使提取液与菌体残渣等分离。

3. 沉淀 RNA

将离心得到的上清液倾于 50 mL 烧杯中，并置于放有冰块的 250 mL 烧杯中冷却，待冷却至 10 ℃ 以下时，用 6 mol/L HCl 小心地调节 pH 至 2.0～2.5，需注意严格控制 pH。随着 pH 下降，溶液中白色沉淀逐渐增加，到等电点时沉淀量最多。调好后继续于冰水中静置 10 min，使沉淀充分，颗粒变大。

4. 抽滤和洗涤

上述悬浮液以 3 000 r/min 离心 10 min，得到 RNA 沉淀。将沉淀物放在10 mL 小烧杯内，用 95%的乙醇 5～10 mL 充分搅拌洗涤，然后在铺有已称重滤纸的布氏漏斗上用真空泵抽气过滤，再用 95%乙醇 5～10 mL 淋洗 3 次。由于 RNA 不溶于乙醇，洗涤不仅可脱水，使沉淀物疏松，便于过滤、干燥，而且可除去可溶性的脂类及色素等杂质，提高了制品的纯度。

5. 干燥

从布氏漏斗上取下有沉淀物的滤纸，放在 8 cm 表面皿上，置于烘箱内于 80 ℃下干燥。将干燥后的 RNA 制品称重。

6. 含量测定

称取一定量干燥后的 RNA 产品，配制成浓度为 10～50 μg/mL 的溶液，在紫外分光光度计上测定其 260 nm 处的吸光度 $A_{260\,\mathrm{nm}}$（即光密度 $OD_{260\,\mathrm{nm}}$）值，按下式计算 RNA 含量：

$$\text{RNA 含量}(\%)=\frac{A_{260\,\mathrm{nm}}}{0.024\times L}\times\frac{\text{RNA 溶液总体积(mL)}}{\text{RNA 称取量}(\mu g)}\times 100$$

式中：$A_{260\,\mathrm{nm}}$为 260 nm 处的吸光度值；

L 为比色杯的光径（cm），通常为 1 cm；0.024 为 1 mL 溶液含有 1 μg RNA 的吸光度值。

五、结果与计算

根据含量测定的结果按下式计算提取率：

$$\text{RNA 提取率}(\%)=\frac{\text{RNA 含量}(\%)\times\text{RNA 制品量}}{\text{酵母重(g)}}\times 100$$

六、注意事项

（1）应注意控制温度，避免在 20～70 ℃之间停留时间过长。

（2）沉淀 RNA 时须严格控制 pH。

七、思考题

（1）整个实验过程涉及了核酸的哪些特性？

(2) 如果制备高纯度的核酸,可以选择哪些方法?

实验二十三　酵母 RNA 的分离及组分鉴定

一、目的

了解并掌握稀碱法提取 RNA 的原理和方法,以及核酸组分的鉴定方法。

二、原理

由于 RNA 的来源和种类很多,因而提取制备方法也各异。一般有稀碱法、浓盐法、苯酚法、去污剂法和盐酸胍法等。酵母是 RNA 提制的理想材料。酵母核酸中主要是 RNA (2.67%~10.0%),DNA 很少(0.03%~0.516%),菌体容易收集,且 RNA 易于分离。此外,抽提后的菌体蛋白质(占干菌体的 50%)仍具有很高的应用价值。本实验采用稀碱法提取酵母 RNA。RNA 含有核糖、嘌呤碱、嘧啶碱和磷酸各组分。加硫酸煮沸可使 RNA 水解,用定糖、定磷和加银沉淀(嘌呤银化合物)等方法鉴定水解液中上述组分的存在。

三、实验材料、主要仪器和试剂

1. 实验材料

干酵母粉(活性干酵母)。

2. 主要仪器

恒温水浴锅;离心机;分析天平;真空泵;布氏漏斗及抽滤瓶;研钵;锥形瓶:150 mL;量筒:50 mL;刻度吸管或微量移液器,滴管。

3. 试剂

试剂(1)~(4) 用于 RNA 分离提取。

(1) 0.04 mol/L NaOH 溶液。

(2) 酸性乙醇溶液:30 mL 乙醇加 0.3 mL HCl。

(3) 95%乙醇。

(4) 乙醚。

试剂(5)~(10) 用于 RNA 水解和组分鉴定用。

(5) 硫酸:1.5 mol/L。

(6) 浓氨水。

(7) 硝酸银:0.1 mol/L。

(8) 三氯化铁浓盐溶液:将 2 mL 10%三氯化铁($FeCl_3 \cdot 6H_2O$)溶液加入 400 mL 浓 HCl 中。

(9) 苔黑酚(3,5-二羟基甲苯)乙醇溶液:称取 6 g 苔黑酚溶于 95%乙醇 100 mL。

(10) 定磷试剂:临用时将 17% 硫酸、2.5% 钼酸铵、10%抗坏血酸、水按比例混合。其比例为 17% 硫酸∶2.5% 钼酸铵∶10% 抗坏血酸∶水=1∶1∶1∶2(*V*/*V*)。

四、操作步骤

1. 酵母 RNA 提取

称取 5 g 干酵母粉悬浮于 30 mL 0.04 mol/L NaOH 溶液中，并在研钵中研磨均匀。悬浮液转入 150 mL 三角瓶中，沸水浴加热 30 min，冷却，转入离心管，3 000 r/min 离心 15 min。将上清液慢慢倾入 10 mL 酸性乙醇，边加边搅动，加毕，静置，待 RNA 沉淀完全后，3 000 r/min 离心 3 min。弃去上清液，用 95% 乙醇洗涤沉淀两次，再用乙醚洗涤沉淀一次后，用乙醚将沉淀转移至布氏漏斗抽滤，沉淀在空气中干燥，称量，得 RNA 粗品的重量。

2. RNA 组分鉴定

取 0.2 g(200 mg)提取的核酸，加入 1.5 mol/L 硫酸 10 mL，沸水浴加热10 min 制成水解液，然后进行组分鉴定。

(1) 嘌呤碱组分

取 1 支试管加水解液 1 mL，加入过量浓氨水，然后加入 1 mL 0.1 mol/L 硝酸银溶液，观察有无嘌呤碱银化合物白色沉淀产生。

(2) 核糖组分

取水解液 1 mL，加三氯化铁浓盐酸溶液 2 mL 和苔黑酚乙醇溶液 0.2 mL。置于沸水浴中 10 min。注意观察是否变成绿色，鉴定有无核糖的存在。

(3) 磷酸组分

取水解液 1 mL，加定磷试剂 1 mL。在水浴中加热观察溶液是否变成蓝色。

五、结果与计算

(1) 根据 RNA 粗品的重量，计算得率。

(2) 根据水解液的组分鉴定反应各组分，判断各组分是否存在。

六、注意事项

(1) 必须保持离心机的平衡。

(2) 布氏漏斗抽滤时，滤纸需预先干燥并称重，便于计算得率。

(3) 抗坏血酸溶液需用棕色瓶保存，溶液为淡黄色，若呈深黄色或棕色则已经失效。

七、思考题

(1) 为什么用稀碱溶液可以使酵母细胞裂解?

(2) RNA 粗品如何进一步纯化?

实验二十四　地衣酚显色法测定 RNA 含量

一、目的

学习 RNA 含量的定量测定方法以及 RNA 快速定性检测方法，熟悉分光光度计使用原理及其操作。

二、原理

在三氯化铁及盐酸存在下，RNA 与 3,5－二羟基甲苯（地衣酚）反应，生成绿色物质，其最大光吸收值在 670 nm 处。RNA 在 20～250 μg 范围内，光吸收与 RNA 的浓度成正比。由于地衣酚反应特异性较差，凡戊糖组分均可与地衣酚反应，DNA 及其他杂质也能给出类似的颜色。因此测定 RNA 时，应先除去 DNA 等杂质，排除 DNA 等杂质影响。也可先测定 DNA 含量，再计算出 RNA 含量。

三、实验材料、主要仪器与试剂

1. 实验材料

(1) RNA 标准溶液：取标准 RNA（预先经定磷法确定其纯度）配成100 μg/mL的溶液。

(2) 样品待测液：适当稀释，使 RNA 含量为 50～100 μg/mL。

2. 主要仪器

分光光度计；恒温水浴锅；试管及试管架。

3. 地衣酚试剂

先称取 100 mg 三氯化铁溶于 100 mL 浓盐酸中（配制 0.1%浓度的溶剂）备用。在使用前加入 100 mg 地衣酚配制成 0.1%浓度的地衣酚试剂。

四、操作步骤

1. 标准 RNA 曲线的制作

取 6 支洁净干燥试管按表 2－25 取样并加入试剂。

表 2－25　RNA 标准曲线的制作

管号	RNA 标准溶液/mL	H_2O/mL	地衣酚试剂/mL	RNA 含量/μg
1	0	2.5	2.5	0
2	0.5	2.0	2.5	50
3	1.0	1.5	2.5	100
4	1.5	1.0	2.5	150
5	2.0	0.5	2.5	200
6	2.5	0	2.5	250

充分混匀，于沸水浴中加热 20 min。自来水冷却后，测定 $A_{670\ nm}$。以 RNA 含量为横坐标，吸光度值（$A_{670\ nm}$）为纵坐标，绘制标准曲线。

2. 样品的测定

取样品溶液 2.5 mL，加入地衣酚试剂 2.5 mL，如前述方法测定 $A_{670\ nm}$，从标准曲线查出 RNA 含量。

五、结果与计算

样品中 RNA 的含量按下式计算：

$$样品中 RNA 浓度(\mu g/mL)=\frac{样品测得的 RNA(\mu g)}{2.5(mL)}$$

六、注意事项

(1) 为了保证结果的准确性，标准曲线及样品测定，均应作平行实验。

(2) DNA 等含戊糖组分的杂质对测定结果有干扰，需除杂。

七、思考题

(1) 有哪些物质对测定结果有干扰？如何除杂？

(2) 还有哪些方法可用于 RNA 含量测定？

实验二十五　醋酸纤维素薄膜电泳法分离鉴定三种腺苷酸

一、目的

掌握醋酸纤维素薄膜电泳法分离带电颗粒原理；观察核苷酸类物质的紫外吸收现象。

二、原理

带电粒子在电场中向着与其自身带相反电荷的电极移动的现象，称为电泳。控制电泳条件(如 pH 等)，使混合试样中的不同组分带有不同的净电荷，各组分在电场中移动的速度或方向各不相同，从而达到分离各组分的目的，这就是电泳分析法。以醋酸纤维素薄膜作支持物进行电泳分析的方法称为醋酸纤维素薄膜电泳法。

在 pH 4.8 电泳缓冲液条件下，带有不同量磷酸基团的 AMP、ADP、ATP 解离之后，带有负电荷量的顺序为 ATP＞ADP＞AMP，它们在电场中移动速度不同，从而得到分离。利用核苷酸类物质的碱基具有紫外吸收性质，将分离后的电泳醋酸薄膜放在紫外灯下，可见暗红色斑点，参照标准样品在同样条件下的电泳情况，对混合试样分离后的各组分进行鉴定。

三、实验材料、主要仪器和试剂

1. 待测物质

混合腺苷酸溶液：分别取标准液 AMP、ADP、ATP 各 1 份等量混匀。置于冰箱中备用。

2. 主要仪器

电泳仪、电泳槽，紫外灯，电吹风、医用镊子，醋酸纤维素薄膜：8 cm×12 cm，微量进样器(10 μL 或 50 μL)。

3. 试剂

(1) 柠檬酸缓冲液(pH 4.8)：称取柠檬酸 8.4 g，柠檬酸钠 17.6 g，溶于蒸馏水，稀释到

2 000 mL。

(2) 标准腺苷酸溶液：用蒸馏水将纯 AMP、ADP、ATP 分别配成 100 mg/10 mL 溶液。其中 AMP 需略加热助溶。置于冰箱中备用。

四、操作步骤

1. 点样

将醋酸纤维素薄膜放入 pH 4.8 柠檬酸缓冲液中，约 0.5 h 后，待膜完全浸透，用镊子取出，夹在清洁的滤纸中间，轻轻吸去多余的缓冲液，仔细辨认薄膜无光泽面，用微量进样器在无光泽面上点样。醋酸纤维素薄膜的大小按电泳槽尺寸确定，点样点的数量按需确定。本实验至少包括 3 种标准腺苷酸点和混合腺苷酸点。点样点距薄膜一端 1.5～2 cm，样点之间距离 1.5～2 cm。点样量为 2～3 μL，按少量多次原则分 2～3 次点完。

2. 电泳

采用平板式电泳槽。向两个电泳槽内注入 pH 4.8 的柠檬酸缓冲液，缓冲液的高度约为电泳槽深度的$\frac{3}{4}$，保持两槽中电泳液面一致。用宽度与薄膜相同的滤纸作“滤纸桥”连接醋酸纤维素薄膜和两极缓冲液。待滤纸全部被缓冲液浸湿后，将已点样薄膜的无光泽面向下贴在电泳槽支架的“滤纸桥”上。

点样端置于负极方向，盖上电泳槽盖，接通电源，在电压降为 10 V/cm 的条件下进行电泳，一小时后关闭电源，取出醋酸纤维素薄膜，用电吹风吹干。

3. 鉴定

用镊子小心地将吹干的薄膜放在紫外灯下观察，用铅笔划出各腺苷酸电泳斑点，并标明各斑点的腺苷酸代号。

五、结果与计算

绘出 3 种标准核苷酸及样品的电泳图谱，以标准单核苷酸的迁移率作标准，鉴别试样中各组分。

六、注意事项

(1) 电泳前，一定要检查电极正负极与薄膜方向，确定负极接在薄膜的点样一端，因为样品是带负电荷，接通电源后，样品要在薄膜上向正极泳动；确定薄膜的无光泽面朝下。

(2) 点样时，要控制点样点的大小在直径为 2～3 mm，样点不可太大，否则电泳后观察结果不理想。

七、思考题

(1) 说明电泳分离腺苷酸的原理。

(2) 如何保证电泳结果的准确性？需要注意什么？

实验二十六　植物DNA的提取与测定

一、目的

学习从植物材料中提取和测定DNA的原理，掌握用十六烷基三甲基溴化铵(CTAB)提取DNA的方法，进一步了解DNA的性质。

二、原理

随着基因工程等分子生物学技术的迅速发展及广泛应用，人们经常需要提取高分子量的植物DNA，用于构建基因文库、基因组southern分析、酶切及克隆等，这是研究基因结构和功能的重要步骤。

细胞中的DNA绝大多数以DNA-蛋白复合物(DNP)的形式存在于细胞核内。提取DNA时，一般先破碎细胞释放出DNP，再用含少量异戊醇的氯仿除去蛋白质，最后用乙醇把DNA从抽提液中沉淀出来。DNP与核糖核蛋白(RNP)在不同浓度的电解质溶液中溶解度差别很大，利用这一特性可将二者分离。以NaCl溶液为例：RNP在0.14 mol/L NaCl中溶解度很大，而DNP在其中的溶解度仅为纯水中的1%，利用这一性质，可将DNP与RNP及其他杂质分开。当NaCl浓度逐渐增大时，RNP的溶解度变化不大，而DNP的溶解度则随之不断增加。当NaCl浓度大于1 mol/L时，DNP的溶解度最大，为纯水中溶解度的2倍，因此通常可用1.4 mol/L NaCl提取DNA。为了得到纯的DNA制品，可用适量的RNase处理提取液，以降解DNA中掺杂的RNA。

植物总DNA的提取主要有CTAB法和SDS法两种方法。CTAB(十六烷基三甲基溴化铵，hexadecyltrimethylammonium bromide，简称CTAB)是一种阳离子去污剂，可溶解细胞膜，它能与核酸形成复合物，在高盐溶液中(0.7 mol/L NaCl)是可溶的，当降低溶液盐的浓度到一定程度(0.3 mol/L NaCl)时从溶液中沉淀，通过离心就可将CTAB与核酸的复合物同蛋白、多糖类物质分开，然后将CTAB与核酸的复合物沉淀溶解于高盐溶液中，再加入乙醇使核酸沉淀，CTAB能溶解于乙醇中。利用高浓度的阴离子去垢剂SDS(十二烷基磺酸钠，Sodium Dodecyl Sulfate，简称SDS)使DNA与蛋白质分离，在高温(55～65 ℃)条件下裂解细胞，使染色体离析，蛋白变性，释放出核酸，然后采用提高盐浓度及降低温度的方法使蛋白质及多糖杂质沉淀，离心后除去沉淀，上清液中的DNA用酚或氯仿抽提，反复抽提后用乙醇沉淀水相中的DNA。

一般生物体的基因组DNA为10^7～10^9 bp，在基因克隆工作中，通常要求制备的大分子DNA的分子量为克隆片段长度的4倍以上，否则会由于制备过程中随机断裂的末端多为平末端，导致酶切后有效末端太少，可用于克隆的比例太低，严重影响克隆工作。因此有效制备大分子DNA的方法必须考虑两个原则：(1) 尽量除去蛋白质、RNA、次生代谢物质(如多酚、类黄酮等)、多糖等杂质，并防止和抑制内源脱氧核糖核酸酶(DNase)对DNA的降解。(2) 尽量减少对溶液中DNA的机械剪切破坏。

几乎所有的DNase都需要Mg^{2+}或Mn^{2+}为辅因子，因此，需加入一定浓度的螯合剂，满足尽量除去蛋白质等杂质的要求，如 EDTA、柠檬酸，而且整个提取过程应在较低温度下进行（一般利用液氮或冰浴）；需要在 DNA 处于溶解状态时，尽量减弱溶液的涡旋，而且动作要轻柔，在进行 DNA 溶液转移时用大口（或剪口）吸管，满足尽量减少对溶液中 DNA 的机械剪切破坏的要求。

提取的 DNA 是否为纯净、双链、高分子的化合物，一般要通过紫外吸收、化学测定、“熔点”(melting temperature, Tm)测定、电镜观察及电泳分离等方法鉴定。本实验采用 CTAB 法提取 DNA 并通过紫外吸收法鉴定。

三、实验材料、主要仪器和试剂

1. 实验材料

新鲜菠菜幼嫩组织、花椰菜花冠或小麦黄化苗等。

2. 主要仪器

高速冷冻离心机，分光光度计，恒温水浴锅，液氮或冰浴设备，磨口锥形瓶，核酸电泳设备。

3. 试剂

(1) CTAB 提取缓冲液。

按表 2-26 配制 CTAB 提取缓冲液，用 HCl 调 pH。各组分的浓度分别为：100 mmol/L Tris-HCl(pH 8.0)，20 mmol/L EDTA-2Na，1.4 mol/L NaCl，2% CTAB，使用前加入 0.1%(*V*/*V*)的 β-巯基乙醇。

表 2-26　CTAB 提取缓冲液配制

试剂名称	MW	配制 1 000 mL	配制 500 mL
Tris	121.14	12.114 g	6.057 g
EDTA-2Na	372.24	7.444 8 g	3.722 4 g
NaCl	58.44	81.816 g	40.908 g

(2) TE 缓冲液：10 mmol/L Tris-HCl，1 mmol/L EDTA(pH 8.0)。

(3) 不含 DNA 酶的 RNA 酶 A(DNase-free RNase A)：溶解 RNase A 于 TE 缓冲液中，浓度为10 mg/mL，煮沸 10～30 min，除去 DNase 活性，于−20 ℃下贮存。

(4) 氯仿—异戊醇混合液(24∶1，*V*/*V*)：240 mL 氯仿加 10 mL 异戊醇混匀。

(5) 3 mol/L 乙酸钠(NaAc，pH 6.8)：称取 NaAc・3H_2O 81.62 g，用蒸馏水溶解，配制成 200 mL，用 HAc 调 pH 至 6.5。

(6) 95%乙醇

TE 缓冲液，Tris-HCl(pH 8.0)液，NaAc 溶液均需要高压灭菌。

四、操作步骤

1. 材料处理

称取 2～5 g 新鲜菠菜幼嫩组织或小麦黄花苗等植物材料，用自来水、蒸馏水先后冲洗叶面，用滤纸吸干水分备用。叶片称重后剪成 1 cm 长，置于研钵中，经液氮冷冻后研磨成粉末。

待液氮蒸发完后，加入 15 mL 预热（60～65 ℃）的 CTAB 提取缓冲液，转入一磨口锥形瓶中，置于 65 ℃水浴保温，0.5～1 h，不时地轻轻摇动混匀。

2. 提取

加等体积的氯仿或异戊醇（24∶1），盖上瓶塞，温和摇动，使成乳状液。

3. 分离

将锥形瓶中的液体倒入离心管中，在室温下 4 000 r/min 离心 5 min，静置，离心管中出现 3 层，小心地吸取含有核酸的上层清液于量筒中，弃去中间层的细胞碎片和变性蛋白以及下层的氯仿。根据需要，上清液可用氯仿或异戊醇反复提取多次。

4. 制备 DNA 粗品

收集上层清液，并将其倒入小烧杯中。沿烧杯壁慢慢加入 1～2 倍体积预冷的 95%乙醇，边加边用细玻棒沿同一方向搅动，可看到纤维状的沉淀（主要为 DNA）迅速缠绕在玻棒上。小心取下这些纤维状沉淀，加 1～2 mL 70%乙醇冲洗沉淀，轻摇几分钟，除去乙醇，即为 DNA 粗制品。

5. 纯化

上述 DNA 粗制品含有一定量的 RNA 和其他杂质。若要制取较纯的 DNA，可将粗制品溶于 TE 缓冲液中，加入 10 mg/mL 的 RNase 溶液，使其终浓度达 50 μg/mL，混合物于 37 ℃水浴中保温 30 min，除去 RNA。重复步骤 2～5 的操作，可制得较纯的 DNA 制品。

6. 测定

(1) 将 DNA 制品溶于 250 μL 的 TE 缓冲液中，完全溶解 DNA 样品。

(2) 加入 $\frac{1}{10}$ 倍体积的 3 mol/L NaAc(pH 6.8)和 2 倍体积的 95%乙醇，沉淀 DNA，重复步骤 4。最后将 DNA 溶于 250 μL 的 TE 缓冲液中。

(3) 在分光光度计上测定该溶液在 260 nm 紫外光波长下的吸光度值。

五、结果与计算

将测定数据代入下式计算 DNA 的含量：

$$\text{DNA 浓度}(\mu g/mL)=\frac{A_{260\ nm}}{0.020\times L}\times \text{稀释倍数}$$

式中：$A_{260\ nm}$ 为 260 nm 处的吸光度值，L 为比色杯光径（厚度），一般为 1 cm，0.020 为 1 μg/mL DNA 钠盐的吸光度值。

DNA 的紫外吸收高峰为 260 nm，吸收低峰为 230 nm，而蛋白质的紫外吸收高峰为 280 nm。上述 DNA 溶液适当稀释后，在分光光度计上测定其 $A_{260\ nm}$、$A_{230\ nm}$ 和 $A_{280\ nm}$，尽量减少对溶液中 DNA 的机械剪切破坏。若 $\frac{A_{260\ nm}}{A_{230\ nm}}\geqslant 2$，$\frac{A_{260\ nm}}{A_{280\ nm}}\geqslant 1.8$，表示 RNA 已经除净，蛋白含量不超过 0.3%。

六、注意事项

如果植物样品不经液氮处理，提取液中的 CTAB 浓度需要提高到 4%（W/V）。在许多情况下，使用 0.1%（V/V）巯基乙醇，并不能完全抑制叶片中的氧化作用，但是这种氧化作用不会影响限制性内切酶的活性。如果使用的巯基乙醇浓度高于0.1%(V/V),则会大大降低DNA的得率。

七、思考题

(1) 制备的DNA在什么溶液中较稳定?

(2) 为了保证植物DNA的完整性,在吸取样品、抽提过程中应注意什么?

实验二十七　紫外吸收法测定核酸的含量

一、目的

学习紫外分光光度法测定核酸含量的原理和操作方法,熟悉紫外分光光度计的基本原理和使用方法。

二、原理

核酸、核苷酸及其衍生物的分子结构中的嘌呤、嘧啶碱基具有共轭双键系统,能够强烈吸收250～280 nm波长的紫外光。核酸的最大紫外吸收值在260 nm处。遵照Lambert-Beer定律,可以从紫外光吸收值的变化来测定核酸物质的含量。溶液状态下,核酸分子中的嘌呤及嘧啶碱基互变异构,且随着溶液pH的不同,其互变异构的程度有明显差异,导致紫外吸收值及摩尔消光系数也随之变化。所以测定过程应保持pH稳定。

核酸的摩尔消光系数(或吸收系数),通常以$\varepsilon(\rho)$来表示,即每升溶液中含有1 mol核酸磷的光吸收值。由于核酸的最大紫外光吸收波长在260 nm处,因此,其摩尔消光系数通常指260 nm波长处的消光值(即吸光度,又称光密度,或称为光吸收)。核酸的摩尔消光系数不是常数,其数值随材料的前处理、溶液的pH和离子强度变化而发生变化。在pH 7.0条件下,核酸的摩尔消光系数为:

$$\text{DNA 的 } \varepsilon(\rho) = 6\,000 \sim 8\,000$$

$$\text{RNA 的 } \varepsilon(\rho) = 7\,000 \sim 10\,000$$

小牛胸腺DNA钠盐溶液(pH=7.0)的$\varepsilon(\rho)$= 6 600,DNA的含磷量为9.2%,含1 μg/mL DNA钠盐的溶液吸光度值为0.020。RNA溶液(pH=7.0)的$\varepsilon(\rho)$= 7 700～7 800,RNA的含磷量为9.5%,含1 μg /mL RNA溶液的吸光度值为0.022～0.024。采用紫外分光光度法测定核酸含量时,通常规定:在260 nm波长下,浓度为1 μg/mL的DNA溶液其吸光度值为0.020,而浓度为1 μg/mL的RNA溶液的吸光度值为0.024。因此,测定未知浓度的DNA(RNA)溶液的吸光度值($A_{260\ nm}$),即可计算测出其中核酸的含量。

该法简单、快速、灵敏度高,如核酸3 μg/mL的含量即可测出。对于含有微量蛋白质和核苷酸等吸收紫外光物质的核酸样品,测定误差较小,若样品内混杂有大量的上述吸收紫外光物质,测定误差较大,应设法事先除去。

三、实验材料、主要仪器和试剂

1. 实验材料

待测核酸样品 DNA 或 RNA。

2. 主要仪器

分析天平；紫外分光光度计；冰浴或冰箱；离心机及离心管：10 mL；烧杯：10 mL；容量瓶：50 mL，100 mL；移液管：0.5 mL，2 mL，5 mL；试管和试管架。

3. 试剂

(1) 5%～6%氨水：用 25%～30%氨水稀释 5 倍。

(2) 钼酸铵-过氯酸试剂：取 3.6 mL 70%过氯酸和 0.25 g 钼酸铵溶于96.4 mL蒸馏水中。

四、操作步骤

1. 核酸样品纯度的测定

(1) 准确称取待测的核酸样品 0.5 g，加少量蒸馏水（或无离子水）调成糊状，再加适量的水，用 5%～6%氨水调至 pH 7，定容至 50 mL。

(2) 取两支离心管，甲管内加入 2 mL 样品溶液和 2 mL 蒸馏水；乙管内加入 2 mL 样品溶液和 2 mL 沉淀剂（沉淀除去大分子核酸，作为对照）。混匀，在冰浴（或冰箱）中放置 30 min，3 000 r/min 离心 10 min。从甲、乙两管中分别取 0.5 mL 上清液，用蒸馏水定容至 50 mL。选用光程为 1 cm 的石英比色杯，在 260 nm 波长下测其吸光度。

2. 核酸溶液含量的测定

当待测的核酸样品中含有酸溶性核苷酸或可透析的低聚多核苷酸，在测定时需要加钼酸铵-过氯酸沉淀剂，沉淀除去大分子核酸，测定上清液 260 nm 波长处吸光度作为对照。

取 2 支离心管，每管各加入 2 mL 待测的核酸溶液，再向甲管内加 2 mL 蒸馏水，向乙管内加 2 mL 沉淀剂。混匀，在冰浴（或冰箱）中放置 10 min，3 000 r/min 离心 10 min。将甲、乙两管清液分别稀释至吸光度在 0.1～1.0 之间。选用光程为 1 cm 的石英比色杯，在 260 nm 波长下测其吸光度 $A_{260\ \mathrm{nm}}$。

五、结果与计算

1. 纯度计算

按下式计算核酸样品的纯度：

$$\text{DNA(或 RNA)纯度}(\%)=\frac{\dfrac{\Delta A_{260\ \mathrm{nm}}}{0.020(\text{或 }0.024)}}{\text{样品浓度}(\mu\mathrm{g/mL})}\times 100$$

上式中，$\Delta A_{260\ \mathrm{nm}}=A_{260\ \mathrm{nm}}(\text{甲})-A_{260\ \mathrm{nm}}(\text{乙})$；样品浓度按下式计算：

$$\text{样品浓度}=\frac{0.5(\mathrm{g})}{50\times\dfrac{4}{2}\times\dfrac{50}{0.5}(\mathrm{mL})}=\frac{0.5\times10^{6}(\mu\mathrm{g})}{10^{4}(\mathrm{mL})}=50(\mu\mathrm{g/mL})$$

如果待测的核酸样品不含酸溶性核苷酸或可透析的低聚多核苷酸，则可将样品配制成一定浓度的溶液（20～50 μg/mL）在紫外分光光度计上直接测定。

2. 含量计算

$$DNA(或 RNA)含量(\mu g/mL)=\frac{\Delta A_{260\ nm}}{0.020(或\ 0.024)\times L}\times 稀释倍数$$

式中 L 为比色杯光径(厚度),一般为 1 cm,$\Delta A_{260\ nm}=A_{260\ nm}(甲)-A_{260\ nm}(乙)$

六、注意事项

测定过程中,注意避免核酸水解,否则会因增色效应使得核酸的吸光度值增大。

七、思考题

(1) 采用紫外光吸收法测定样品的核酸含量,有何优点及缺点?

(2) 若样品中含有核苷酸类或蛋白类杂质,应如何校正?

实验二十八　核酸的琼脂糖凝胶电泳

一、目的

了解并掌握琼脂糖凝胶电泳的原理和方法,学习琼脂糖凝胶电泳分离核酸的技术。

二、原理

琼脂糖凝胶电泳是用琼脂或琼脂糖作支持介质的一种电泳方法。对于分子量较大的样品,如大分子核酸、病毒等,一般可采用孔径较大的琼脂糖凝胶进行电泳分离。

琼脂糖是一种天然聚合长链状分子,沸水中溶解,45 ℃开始形成多孔性刚性滤孔,凝胶孔径的大小决定于琼脂糖的浓度。核酸分子在碱性环境中带负电荷,在外加电场作用下向正极泳动。核酸分子在琼脂糖凝胶中泳动时,有电荷效应与分子筛效应。不同核酸,其分子量大小及构型不同,电泳时的泳动率就不同,从而分出不同的区带。琼脂糖凝胶电泳法分离核酸,主要是利用分子筛效应,迁移速度与分子量的对数值成反比关系。溴化乙锭(EB)为扁平状分子,在紫外照射下发射荧光。EB 可与核酸分子形成 EB-核酸复合物,其发射的荧光强度较游离状态 EB 发射的荧光强度大 10 倍以上,且荧光强度与核酸的含量成正比。用肉眼观察,可检测到 5 ng 以上的核酸。

三、实验材料、主要仪器和试剂

1. 实验材料

待分离的核酸样品。

2. 主要仪器

水平电泳槽;电泳仪;凝胶成像系统;移液器。

3. 试剂

(1) 琼脂糖:1.0%

(2) 电泳缓冲液:0.5×TBE(Tris-硼酸盐缓冲液),取 54 g Tris 碱,加 27.5 g 硼酸和

20 mL 0.5 mol/L EDTA，溶解，调 pH=8.0，定容至 500 mL，稀释 20 倍。电泳缓冲液与制胶缓冲液相同。

(3) 溴化乙锭(EB)：0.5 μg/mL，棕色瓶内室温避光保存。

(4) 加样缓冲液：蔗糖-溴酚蓝溶液，取一定量的 0.5×TBE 缓冲液，分别加入蔗糖和溴酚蓝，使溴酚蓝浓度为 0.25%，蔗糖浓度为 40%。

四、实验步骤

1. 制胶

以 50 mL 为例，实际制胶数值由电泳槽体积的大小决定。

(1) 称取 0.5 g 琼脂糖，加入 50 mL 的 0.5×TBE 缓冲液(pH 8.0)，摇匀，用电热板或电热套加热至琼脂糖完全溶解，冷却到 60 ℃，加入 5 μL EB，并摇匀。

(2) 把梳子插入胶板小槽，将溶解的琼脂糖倒入，约 30 min 后室温冷却凝固。充分凝固后，仔细垂直向上拔出梳子，小心取出凝胶，以保证点样孔完好。

(3) 将凝胶置于电泳槽中，加 0.5×TBE 电泳缓冲液至液面，覆盖凝胶 1～2 mm。

2. 点样

用移液枪吸取样品 2 μL 于混样板上(或者是不吸水的任何小物品)，再加入 2 μL 的加样缓冲液，混匀后，小心加入点样孔。每孔点样约 10 μL，蓝色样品混合物将沉入点样孔下部。

3. 电泳

打开电源开关，调节电压至 130 V，电流在 40～60 mA 之间；可见到溴酚蓝条带由负极向正极移动，电泳约 30 min 左右。

4. 观察

将电泳好的胶置于凝胶成像系统中，可以看见白色的条带，拍照。

五、结果与分析

记录图谱的白色条带位置，分析图谱，与标准品图谱对照，得出结论。

六、注意事项

(1) 煮胶时，胶液的量不应超过三角瓶容量的$\frac{1}{3}$，否则易溢出。

(2) 煮好的胶应冷却至 50～60 ℃时再倒入电泳槽。倒胶注意控制厚度，一般为 4～6 mm，充分凝固后并加少许 TBE 缓冲液再拔出梳子，以保持齿孔形状完好。也可待胶稍凝固后，放入 4 ℃冰箱中 10 多分钟，以加速胶的凝固。

(3) 加样前赶走点样孔中的气泡，点样时吸管头垂直，切勿碰坏凝胶孔壁，以免使带型不整齐。

(4) 一般情况下不必每点一个样品都换枪头，吸电泳缓冲液洗几次即可再点下一个样品。

(5) EB 是强诱变剂并有中等毒性，易挥发，配制和使用时都应戴手套，并且不要把 EB 洒到桌面或地面上。废弃胶应集中处理，勿乱丢。凡是沾污了 EB 的容器或物品必须经专门处理后才能清洗或丢弃。简单处理方法为：加入大量的水进行稀释(达到 0.5 mg/mL 以下)，然后加入 0.2 倍体积新鲜配制的 5%次磷酸(由 50%次磷酸配制而成)和 0.12 倍体积新鲜配制的 0.5 mol/L 的亚硝酸钠,混匀,放置 1 d 后,加入过量的 1 mol/L 碳酸氢钠。如此处理后的 EB 的诱变活性可降至原来的 $\frac{1}{200}$ 左右。

(6) 常加蔗糖的目的在于增加样品浓度,以使每个样品停留在各自的点样孔中。

七、思考题

(1) 煮好的胶为什么要冷却至 50~60 ℃左右时再倒?

(2) EB 的作用是什么? 为什么要等到凝胶不甚烫手时,再滴加 EB?

(3) 点样时添加加样缓冲液的目的是什么?

(4) 琼脂糖凝胶的适用范围和特点是什么? 影响琼脂糖凝胶的因素有哪些?

第三章　综合性实验

综合性实验是指实验内容涉及本课程的综合知识或与本课程相关课程知识的实验。综合性实验的特征表现在内容综合性、方法多元性、手段多样性几方面，最终结果是体现能力综合性。开设综合性实验的目的在于通过课程实验，培养学生综合运用实验方法与手段，提升理论知识与实际相结合的能力和创新研究能力。

实验二十九　真菌多糖的分离、纯化及鉴定

一、目的

（1）了解和掌握多糖提取和纯化的一般方法。

（2）了解薄层层析法分析单糖组分的原理和方法。

（3）了解红外光谱法鉴定多糖的原理和方法。

二、原理

1. 分离纯化部分

多糖类物质是一类重要的生物大分子，生物活性和功能较为复杂，可以调节免疫功能，促进蛋白质和核酸的生物合成，调节细胞的生长，提高生物体的免疫力，具有抗肿瘤、抗癌和抗艾滋病（AIDS）等功效。

多糖广泛存在于各种生物中。高等真菌多糖主要是细胞壁多糖，多糖组分主要存在于其形成的小纤维网状结构交织的基质中。多糖溶于水而不溶于醇等有机溶剂，通常采用热水浸提—酒精沉淀（即水提醇沉）的方法，分离提取多糖。影响多糖提取率的因素很多，如浸提温度、时间、加水量以及除杂方法等。本实验采用香菇为原料，抽提液经乙醇沉淀后得到粗多糖。

纯化多糖，就是将存在于粗多糖中的杂质去除而获得单一的多糖组分。一般是先脱除非多糖组分，再对多糖组分进行分级。常用的除去多糖中蛋白质的方法有：Sevag 法、三氟三氯乙烷法、三氯醋酸法，这些方法的原理是使蛋白质沉淀而多糖仍保留在溶液中，其中 Sevag 方法脱蛋白效果较好，其组成是氯仿∶戊醇（或氯仿∶丁醇）＝4∶1，加到样品中振摇，使样品中的蛋白质变性成不溶状态，用离心法除去。本实验采用 Sevag 法脱除杂蛋白，用 DEAE Sepharose层析柱进行纯化，合并多糖高峰部分，浓缩后透析，冻干，得多糖级分。

2. 鉴定部分

多糖组分的分析鉴定有多种方法，本实验采用薄层层析法分离多糖的单糖组分，再用红外光谱法鉴定。薄层层析显色后，根据多糖水解所得单糖斑点的颜色和 R_f 值，与不同单糖标样参考斑点的颜色和 R_f 值比较，确定样品多糖的单糖组分。多糖类物质的官能团在红外谱图上

表现为相应的特征吸收峰，根据其特征吸收可以鉴定糖类物质。如：O-H 的吸收峰在3 650～3 590 cm^{-1}，C-H 的伸缩振动的吸收峰在 2 962～2 853 cm^{-1}，C-O 的振动峰为1 510～1 670 cm^{-1}之间的吸收峰，C-H 的弯曲振动吸收峰为 1 485～1 445 cm^{-1}，吡喃环结构的 C-O 的吸收峰为 1 090 cm^{-1}。

三、实验材料、主要仪器和试剂

1. 实验材料

干香菇。

2. 主要仪器

旋转真空蒸发仪；摇床；离心机；恒温水浴；玻璃板：7.5 cm×10 cm；红外光谱仪；DEAE Sepharose 层析柱。

3. 试剂

试剂(1)～(5)用于分离纯化。

(1) Sevag 试剂：按氯仿∶正丁醇＝4∶1 配制。

(2) 乙醇(95%)。

(3) 平衡缓冲液：0.01 mol/L Tris-HCl，pH 7.2。

(4) 洗脱液 A：0.1 mol NaCl，0.01 mol Tris-HCl 缓冲液，pH 7.2。

(5) 洗脱液 B：0.5 mol NaCl，0.01 mol Tris-HCl 缓冲液，pH 7.2。

试剂(6)～(10)用于鉴定。

(6) 浓硫酸。

(7) $Ba(OH)_2$。

(8) 展开剂：按正丁醇∶乙酸乙酯∶异丙醇∶醋酸∶水∶吡啶＝7∶20∶12∶7∶6∶6 配制(V/V)。

(9) 显色剂：按 1,3-二羟基萘硫酸溶液(0.2%1,3-二羟基萘乙醇溶液)∶浓硫酸＝1∶0.04(V/V)的比例配制。

(10) 单糖标准品。

四、操作步骤

1. 提取粗多糖

称取 10 g 干香菇，按料水比 1∶5 于 90 ℃左右热水中浸提，浸提时间为 2～3 h，共提取 2～4 次，合并浸提液。真空旋转蒸发浓缩，浓缩一倍体积。按 1%的比例加入活性炭，对多糖提取液进行脱色处理，搅拌均匀，15 min 后过滤。在浓缩液中加入 3 倍体积的乙醇，搅拌，沉淀为多糖和蛋白质的混合物，此为粗多糖。粗多糖是混合物，可能存在中性多糖、酸性多糖、单糖、低聚糖、蛋白质和无机盐，必须进一步分离纯化。

2. 除去杂蛋白

粗多糖溶液加入 Sevag 试剂(氯仿∶正丁醇＝4∶1)混合摇匀后，置摇床振荡 1～3 h，使蛋白质充分沉淀，3 000 r/min 离心 15～30 min，除去杂蛋白。上清液加入 4 倍体积的乙醇沉淀多糖，将沉淀冻干。

3. 纯化粗多糖

取样品 0.1 g 溶于 10 mL 0.01 mol/L Tris－HCl 平衡缓冲液中。上样，用洗脱液 A 和 B 进行线性洗脱，分部收集。各管用硫酸苯酚法检测多糖。合并多糖高峰部分，浓缩后透析，冻干，即得多糖级分。

4. 分离单糖组分

(1) 薄层板制备

称取 5 g 硅胶于 50 mL 烧杯中，加入 12 mL 0.3 mol/L 磷酸二氢钠水溶液，用玻璃棒慢慢搅拌至硅胶分散均匀，铺在玻璃板上，于 110 ℃下活化 1 h，置于干燥器中备用。

(2) 点样

称取 0.1 g 多糖于 2 mL 离心管中，加入 1 mol/L 的 H_2SO_4 溶液 1 mL，沸水浴水解 2 h，然后加 $Ba(OH)_2$ 中和至中性，过滤除去 $BaSO_4$ 沉淀，得多糖水解澄清液。以此水解液和单糖标准品分别点样进行薄层层析展开。用点样器点样于薄层板上，一般为圆点，点样基线距底边 2 cm，点样直径为 2～4 mm，点间距离约为 1.5～2 cm，点间距离可视斑点扩散情况以不影响检出为宜。点样时必须注意勿损伤薄层表面。

(3) 展开

展开时需预先用展开剂饱和，将点好样品的薄层板放入展开室的展开剂中，浸入展开剂的深度为距薄层板底边 0.5～1 cm，切勿将样点浸入展开剂中。密封室盖，等展开至规定距离，一般为 10～15 cm，取出薄层板，晾干。

(4) 显色

将展开晾干后的薄板于 100 ℃烘箱内烘烤 30 min，将显色剂均匀地喷洒在薄板上，此板在 110 ℃下烘烤 10 min 即可显色。

5. 鉴定

将冻干后的样品用 KBr 压片，在 4 000～400 cm^{-1} 区间内进行红外光谱扫描。

五、结果与分析

(1) 薄层显色后，将样品图谱与标准样图谱进行比较，参考斑点颜色、相对位置及 R_f 值，确定样品中糖的种类。

(2) 分析红外图谱，是否具有多糖特征吸收峰，如 3 401 cm^{-1} (O－H)，2 919 cm^{-1} (C－H)，1 381 cm^{-1} 及 1 076 cm^{-1} (C－O)。若在 900 cm^{-1} 处有吸收峰，说明该多糖以 β-糖苷键连接。若在N－H变角振动区 1 650～1 550 cm^{-1} 处有明显的蛋白质吸收峰，则说明该样品是多糖蛋白质复合物。

六、注意事项

(1) 多糖提取时，注意控制浓度，振荡充分，醇沉彻底。

(2) 点样点大小及点间距离需适度，点样时必须注意勿损伤薄层表面，否则影响检出准确性。

(3) 安全规范使用各种试剂，以免损伤皮肤。

七、思考题

(1) 多糖有哪些分离方法？如何选择？

(2) 除了红外光谱法之外，还有哪些糖组分的鉴定方法？

实验三十　红细胞膜的制备及其膜磷脂分析

一、目的

了解和掌握细胞膜的制备和组分分析。

二、原理

生物膜是细胞膜和胞内膜的总称。生物膜结构是细胞结构的基本形式，是细胞功能的基本结构基础。生物膜包括细胞的外周膜和内膜系统。生物膜的基本化学组成是膜脂质和膜蛋白质。组成生物膜的脂质主要为磷脂、糖脂和胆固醇，其中磷脂含量最高，分布最广。

分析膜结构，首先必须分离出纯净的细胞膜。哺乳动物的红细胞膜是首选材料，哺乳动物的红细胞中没有任何细胞器，经过制备，容易得到纯粹的细胞膜，且取材方便。分离红细胞膜主要包括以下几个步骤：(1) 将血液取放在加有抗凝剂的容器内，低速离心，分离出红细胞，然后用等渗缓冲液重复洗涤多次，去除血浆。(2) 将洗净的红细胞从等渗缓冲液转移到低渗缓冲液中，由于渗透压力作用于细胞质膜，使红细胞膨胀而溶血。(3) 充分反复洗涤溶血的红细胞，高速离心，除去血红蛋白和其他细胞内含物。

本实验用甲醇-氯仿抽提膜中的脂类组分，同时破坏疏水作用，使膜蛋白变性，再采用薄层层析法进行磷脂的定性分析及定量测定。

三、实验材料、主要仪器和试剂

1. 实验材料

新鲜猪血。

2. 主要仪器

冷冻离心机；冰箱；自动移液管；相差显微镜；冷冻干燥机；分析天平；刻度试管；具塞试管；普通离心机；玻璃板：15 cm×15 cm；薄层层析展层缸；分光光度计；试管及试管架。

3. 试剂

试剂(1)～(3)用于红细胞膜的制备。

(1) 等渗磷酸盐缓冲液 pH 7.4：含有 0.15 mol/L 氯化钠的 5 mL，pH 7.4 磷酸盐缓冲液。

贮液 A：称取 0.780 8 磷酸二氢钠溶于水，定容至 1 000 mL。

贮液 B：称取 3.582 8 磷酸氢二钠溶于水，定容至 2 000 mL。

取 380 mL 贮液 A 加 1 620 mL 贮液 B，用少量浓盐酸调 pH 至 7.4，再称取 17.5 g 氯化钠加入其中。

(2) 低渗 Tris(三羟甲基氨基甲烷)－盐酸缓冲液 pH 7.4　10 mmol/L。

贮液 A：称取 2.42 g Tris，溶于水，稀释至 500 mL。

贮液 B：取 0.84 mL 36%～38%盐酸，稀释至 500 mL。

取 500 mL 贮液 A 加 414 mL 贮液 B，用水稀释至近于 2 000 mL，用 6 mol/L 盐酸调 pH

至 7.4，再定容至 2 000 mL。

(3) 抗凝剂：肝素- pH 7.4 等渗磷酸盐缓冲液

将肝素溶于 pH 7.4 等渗 Tris -盐酸缓冲液中，使每毫升含肝素 500 单位。

试剂(4)～(13)用于膜磷脂分析。

(4) 硅胶 H - 碱式碳酸镁混合物：称取 97 g 硅胶 H，3 g 碱式碳酸镁，置研钵中研磨，并混合均匀。

(5) 0.5%pH 7.0 羧甲基纤维素溶液。

(6) 磷脂标准样品混合液：称取磷脂酰乙醇胺、磷脂酰丝氨酸、神经鞘磷脂和卵磷脂等各 5 mg，溶于 10 mL 氯仿和甲醇的混合液中，氯仿：甲醇＝1：1 (V/V)。

(7) 氯仿。

(8) 甲醇。

(9) 乙酸。

(10) 氨水。

(11) 碘。

(12) 高氯酸。

(13) 定磷试剂。

四、操作步骤

1. 血液的收集及洗涤

容器中加入抗凝剂，添加量为每 30 mL 血液加约 5 mL 肝素- pH 7.4 等渗磷酸盐缓冲溶液，收集血液。0～4 ℃低温条件下，3 000 r/min 冷冻离心 20 min，使红细胞沉淀。用吸管吸尽血浆及沉淀的红细胞表层的绒毛状沉淀层，以避免其他类型细胞的混入。将红细胞置于 3 倍量预冷的 pH 7.4 等渗磷酸盐缓冲液中，用玻璃棒缓慢地搅拌悬浮液，5 000 r/min 冷冻离心 15 min，除去上清液及沉淀表层，重复洗涤 3 次。

2. 溶血和红细胞膜的洗涤

按照 1：40 的比例，向洗净的红细胞中加入预冷的 10 mmol/L pH 7.4 低渗 Tris - HCl 缓冲液，边加边缓慢搅拌，置于 4 ℃冰箱中 1～2 h，使之完全溶血，0～4 ℃低温条件下，9 000 r/min 离心 15 min，使红细胞膜沉淀。重复洗涤、离心 3～5 次，最后获得白色的红细胞膜样品。

取刻度试管，将最后一次离心所得到的红细胞膜悬浮液在 2～4 mL pH 7.4 等渗磷酸盐缓冲液中。记录悬浮液的总体积。

3. 细胞膜的镜检

取少量膜样品悬液，在相差显微镜下进行观察，确定膜制品是否纯净。在视野中纯净的膜为扁圆形，白色，膜表面略有皱纹。在视野中应不含有完整的红细胞或污染的细菌。

4. 膜的冷冻干燥

样品放在一个称好重量的小称量瓶中，冷冻干燥至样品全干(冰冻干燥可以过夜，冷冻干燥的样品更易溶于 SDS 溶液中)，称量带有冷冻干燥制品的小称量瓶，记录膜的产量。将冷冻干燥的膜制品置于干燥器中保存，以备膜结构成分的分析。

5. 膜磷脂的分析

(1) 膜脂的提取

将冰冻干燥的膜制品总重量的一半悬浮于0.8 mL 等渗的磷酸盐缓冲液中，加3 mL 氯仿与甲醇的混合物（氯仿：甲醇＝1：2，V/V），盖上试管塞，剧烈振荡1 min以上。另外再加1 mL 氯仿振荡1 min，加1 mL 水振荡1 min。用台式离心机低速离心5 min，在离心管里分相，缓缓地吸去上相，用细滴管穿过两相界面处变性蛋白的薄层，吸出有膜脂的下相液，转移到一个小烧杯内，置真空干燥器内蒸发至干。

(2) 磷脂的分析

① 制作硅胶板：取15 cm×15 cm的玻璃板，洗净，烘干或滴上几滴乙醇，用清洁的纱布擦干。取3 g 硅胶H-碱式碳酸镁混合物，置于小研钵中。加14 mL 0.5% pH 7.0 羧甲基纤维素溶液，研磨数分钟，将研磨好的浆液倒在一块备好的玻璃板上。用玻棒将其铺开，然后轻轻颠动玻璃板，使浆液均匀分布。置于水平台面上，使其自然干燥，于110 ℃烘箱内活化30 min，贮于真空干燥器内备用。

② 点样：用200 mL 氯仿-甲醇（1：1，V/V）溶解2 mg 干燥的膜脂。取100 μL 溶解的样品溶液，在薄层板的一个角上距板的边缘约2 mm 处点样，点样的面积直径不超过5 mm，点样一次待样品干燥后再点，重复数次。另取一块薄层板，依同样位置点上磷脂的标准样品混合液，内含每种标准磷脂各20～50 μg。

用同样方法，完成磷脂标准品点样。

③ 展层：采用倾斜上行法展层。展层缸内用新配制的溶剂系统平衡，进行双相层析（即在第一相展层后，将薄层板取出，调转90°。再进行第二相展层）。

第一相溶剂系统　氯仿：甲醉：氨水(25%)：水＝90：54：5.5：5.5(V/V)。

第二相溶剂系统　氯仿：甲醇：乙酸：水＝9：40：12：2(V/V)。

每相层析约需2 h，当溶剂前沿距板的顶端2～3 cm 时，取出薄层板，用铅笔画出溶剂前沿位置。第一相展层后，取出，在空气中干燥约15 min，若空气湿度太大时，则须在放有浓硫酸的干燥器内干燥半小时。

④ 显色及定位：将干燥后的薄层板放入碘缸内，盖好。升华的碘遇磷脂后发生加成反应，而使磷脂的斑点呈现黄色或棕黄色。斑点显现后，参考磷脂标准样品的相对位置及 R_f 值，鉴别红细胞膜中含有磷脂的种类。

⑤ 测定：将磷脂的斑点分别从薄层板上刮下来，转移到试管中，每个样品加1 mL 70%高氯酸，在190 ℃下消化，然后用钼蓝比色法测定磷含量。分别制作磷脂标准品的标准曲线。在测光吸收之前，应离心除去硅胶。

五、结果与计算

(1) 计算细胞膜得率。

(2) 根据样品溶液的吸光度值，从磷脂的标准曲线计算出每个磷脂斑点中磷含量，可推算出每种磷脂在膜中的含量。

六、注意事项

(1) 为避免膜上含有的或膜上吸附的蛋白酶使膜蛋白发生变化，膜分离操作应在 0～4 ℃低温下进行。

(2) 溶血时低渗缓冲液的用量越大，红细胞膜中血红蛋白的残留量越少，但体积大，离心费时间。因此，红细胞与缓冲液的容量比例，以 1∶40 为宜。

(3) 膜的重量很轻，在溶血后离心倾倒上清液时容易流走，因此要特别小心，尽可能防止膜的损失。

(4) 在制备过程中，需注意控制 pH。当 pH=7.4 时，红细胞膜中的血红蛋白含量仅占总蛋白量的 3%～5%，相当于血液中总血红蛋白的 0.1%。若 pH 降低，残留的血红蛋白迅速增加，pH 降至 7.0 时，血红蛋白增加至 20%。

(5) 本方法适用于大白鼠和人红细胞膜的分离。牛、猪等红细胞膜的制备，若反复进行低渗处理，将造成膜外表面包含具有乙酰胆碱酯酶活性的脂蛋白脱落，使膜容易破碎，得不到较完整的膜样品。若在低渗缓冲液中加入 1 mmol 氯化钙，即可完全防止这种膜的不稳定性。

(6) 溶血和洗涤过程中，有时在膜的下面有少许未解体的红细胞残留物，不要将这部分残留物悬浮在缓冲液中。

七、思考题

(1) 还有哪些凝血剂？如何选择？

(2) 双相层析的关键是什么？与单项层析相比，有何区别？

实验三十一　聚丙烯酰胺凝胶电泳分离过氧化物同工酶

一、目的

学习电泳技术的原理、方法、装置、凝胶配制等知识，熟悉主要的操作过程，同时对同工酶有一个感性的认识。

二、原理

同工酶是指能催化同一种化学反应，但其酶蛋白本身的分子结构组成却有所不同的一组酶。植物在发育过程中，同工酶的种类和比例随植物的遗传、生长发育、代谢调节及抗性等变化而变化，因此作为基因表达的产物，测定同工酶谱是认识基因存在和表达的一种工具，在植物的种群、发育及杂交遗传的研究中有重要的意义。

过氧化物酶是植物体内普遍存在的、活性较高的一种酶。它与呼吸作用、光合作用及生长素的氧化等都有关系。在植物生长发育过程中它的活性不断发生变化，测定这种酶的活性或其同工酶，可以反映某一时期植物体内代谢的变化。

聚丙烯酰胺凝胶电泳(polyacrylamide gel electrophoresis，PAGE)是以聚丙烯酰胺凝胶作为支持物的区带电泳。凝胶具有分子筛的性质，可用于分离样品组分，其分离效果与样品中各组分所带净电荷数及分子大小有关。聚丙烯酰胺凝胶电泳具有浓缩效应，采用电泳基质的不连续体系使样品在不连续的两相间积聚浓缩成厚度为 10^{-2} cm 的很薄的起始区带，然后再进行电泳分离。所谓不连续体系是指凝胶层的不连续性、缓冲液离子成分的不连续性、pH 的不连续性及电位梯度的不连续性。利用聚丙烯酰胺凝胶电泳测定同工酶，方法简便，灵敏度高，重现性强，测定结果便于观察、记录和保存。本实验采用聚丙烯酰胺凝胶垂直板电泳技术，分离小麦幼苗过氧化物酶同工酶，根据酶的生物化学反应，通过染色方法显示出酶的不同区带，以鉴定小麦幼苗过氧化物酶同工酶。

三、实验材料、主要仪器和试剂

1. 实验材料

小麦幼苗。

2. 主要仪器

(1) 垂直板电泳槽及附件：玻璃板、硅胶条、梳子、导线等。

(2) 稳压稳流直流电泳仪。

(3) 高速离心机。

(4) 量筒：500 mL×1，10 mL×1，5 mL×1。

(5) 烧杯：250 mL×4。

(6) 微量注射器：50 μL。

(7) 玻棒、大培养皿等。

3. 试剂

(1) 聚丙烯酰胺凝胶电泳贮液

贮液配制方法见表 3-1。

表 3-1 聚丙烯酰胺凝胶电泳贮液配制方法

序号	试剂名称	配制方法
1	1.5%琼脂	1.5 g 琼脂，100 mL pH 8.9 分离胶缓冲液浸泡，用前加热溶化。
2	分离胶缓冲液，pH 8.9 (pH 8.9 Tris-HCl 缓冲液)	取 48 mL 1 mol/L HCl，Tris 36.8 g，用无离子水溶解后定容至100 mL。
3	浓缩胶缓冲液，pH 6.7 (pH 6.7 Tris-HCl 缓冲液)	取 48 mL 1 mol/L HCl，Tris 5.98 g，用无离子水溶解后定容至 100 mL。
4	分离胶丙胶贮液 (Acr-Bis 贮液Ⅱ)	丙烯酰胺单体 Acr 28.0 g，N，N′-甲叉双丙烯酰胺 Bis 0.735 g，用去离子水溶解后定容至 100 mL，过滤除去不溶物，装入棕色试剂瓶中，于 4 ℃ 下保存。
5	浓缩胶丙胶贮液 (Acr-Bis 贮液Ⅰ)	Acr 10 g，Bis 2.5 g，用去离子水溶解后定容至100 mL，过滤除去不溶物，装入棕色试剂瓶中，于 4 ℃下保存。
6	10%过硫酸铵溶液(Ap)	10 g 过硫酸铵溶于 100 mL 去离子水中(当天配制)。
7	四甲基乙二胺(TEMED)	原液。
8	核黄素溶液	核黄素 4.0 mg，去离子水溶解后定容至 100 mL。

续　表

序号	试剂名称	配制方法
9	电极缓冲液，pH 8.3（pH 8.3 Tris－甘氨酸缓冲液）	Tris 6 g，甘氨酸 28.8 g，溶于去离子水后定容至 1 000 mL，用时稀释 10 倍。
10	40％蔗糖溶液	蔗糖 40 g，溶于 100 mL 去离子水中。
11	pH 4.7 乙酸缓冲液	乙酸钠 70.52 g，溶于 500 mL 蒸馏水中，再加 36 mL 冰乙酸，蒸馏水定容至 1 000 mL。
12	7％乙酸溶液	19.4 mL 36％乙酸稀释至 100 mL。
13	样品提取液，pH 8.0（pH 8.0 Tris－HCl 缓冲液）	Tris 12.1 g，加去离子水 1 000 mL，用 HCl 调节 pH 至 8.0
14	0.5％溴酚蓝溶液	0.5 g 溴酚蓝溶于 100 mL 去离子水中。
15	联大茴香胺染色液	联大茴香胺 250 mg 溶于 140 mL 95％乙醇中，加 20 mL 蒸馏水，使用前加 3％ H_2O_2 4～5 mL（当天配制）

（2）分离胶

将贮液由冰箱取出，待与室温平衡后再配制工作液。按表 3－2 比例配制分离胶，TEMED 在灌胶前加。

表 3－2　分离胶取样表

贮液号	2	4	6	7	
名　称	分离胶缓冲液	分离丙胶	过硫酸铵	TEMED	去离子水
取用量/mL	3	6	0.30	0.06	15

（3）浓缩胶

按表 3－3 比例配制浓缩胶，TEMED 在灌胶前加。

表 3－3　浓缩胶取样表

贮液号	3	5	7	8	
名　称	浓缩胶缓冲液	浓缩丙胶	TEMED	核黄素溶液	蔗　糖
取用量/mL	1	2	0.03	1	4

四、操作步骤

1. 电泳槽的安装

垂直板电泳槽的式样很多，目前流行的是用有机玻璃做的两个“半槽”组成的方形电泳槽，中间夹着凝胶模子，是由成套的两块玻璃板装入一个用硅酮橡胶做成的模套而构成，由硅酮橡胶套决定两玻璃板之间距离约为 1.5 mm，形成一个“胶室”，胶就在这两板之间的胶室内聚合成平板胶。当凝胶模子与两半槽固定在一起后，凝胶槽子两侧形成前后两个槽，供装电极缓冲液和冷凝管用。

将两块玻璃板用去污剂洗净，再用蒸馏水冲洗，直立干燥，勿用手指接触玻璃板面，可用手夹住玻璃板的两旁操作。然后正确放入硅胶条中，夹在电泳槽里，按对角线顺序旋紧螺丝，注意用力均衡以免夹碎玻璃板。安装好电泳槽用 pH 8.9 缓冲液配制的 1.5%琼脂溶液封底，待琼脂凝固后即可灌制凝胶。

2. 凝胶的制备

将分离胶沿长玻璃板加入胶室内，小心不要产生气泡，加至距短玻璃板顶端 3 cm 处，立即覆盖 2～3 mm 的水层(或水饱和正丁醇)，静置待聚合，大约 40 min 后，当胶与水层的界面重新出现时表明胶已聚合。

先倒掉分离胶上的水层，立即加入浓缩胶，插入梳子(即样品槽模板)，待胶凝后，小心取出梳子。将稀释 10 倍的电极缓冲液倒入两槽中，前槽(短板侧)缓冲液要求没过样品槽，后槽(长板侧)缓冲液要求没过电极，备用。

3. 样品的制备

称取小麦幼苗茎部 0.5 g，放入研钵内，加 pH 8.0 提取液 1 mL，于冰水浴中研成匀浆，然后以 2 mL 提取液分几次洗入离心管，在高速离心机上以 8 000 r/min 离心 10 min，倒出上清液，以等量 40% 蔗糖及 $\frac{1}{5}$ 体积溴酚蓝指示剂混合，留作点样用。

4. 点样

用 50 μL 微量注射器吸取少量样液，在浓缩胶上层点样，每个点样槽 15～50 μL。点样时须小心，防止样品液的扩散。

5. 电泳

将电泳槽放至低温处，接好电源线(前槽为负极)。打开电源开关，调节电流到 20 mA 左右，样品进入到分离胶后加大到 30 mA，维持恒流。待指示染料下行到距胶板末端 1 cm 处，即可停止电泳。把调节旋钮调至零，关闭电源，电泳约 3 h。

6. 剥胶

取出电泳胶板，去掉胶套，掀开玻璃，去掉浓缩胶，用玻棒协助将分离胶放到盛有 pH 4.7 的乙酸缓冲液的大培养皿中浸泡 10 min。

7. 染色

倒去乙酸缓冲液，加联大茴香胺染色液，使淹没整个胶板，于室温下显色 20 min，即得到过氧化物酶同工酶的红褐色酶谱。该酶活性染色过程如下：过氧化物酶分解 H_2O_2 产生氧基，后者使联大茴香胺发生反应生成褐色化合物。所以用染色液浸泡凝胶时，有过氧化物酶同工酶蛋白质条带的部位便出现褐色的谱带。

倒掉染色液，重新加入 7%的乙酸溶液，于日光灯下观察记录酶谱，绘图或照相。

五、结果与计算

(1) 记录观察结果，绘制图谱。

(2) 分析图谱，根据酶的不同染色区带，鉴定小麦幼苗过氧化物酶同工酶。

六、注意事项

(1) 注意控制环境温度，如果室温较高，可适当减小电流，延长电泳时间，或采取降温措施，以免温度过高造成酶活性损失。

(2) 若用工业纯丙烯酰胺(Acr)和甲叉双丙烯酰胺(Bis),则需纯化后再配制凝胶电泳贮液,纯化方法如下:

① Acr 的纯化

称取 70 g Acr,于 50 ℃下溶于 1 000 L 三氯甲烷(A. R.)中,趁热过滤,冷至−20 ℃,使结晶,于冷处用布氏漏斗抽滤,用冷的三氯甲烷短时间冲洗,继续抽滤,收集结晶,在真空干燥器中彻底干燥。将白色纯结晶保存于棕色瓶中,熔点为 84.5±0.3 ℃。

② Bis 的纯化

称取 12 g 的 Bis 溶于 40～50 ℃的 1 000 L 丙酮(A. R.)中,趁热过滤,慢慢冷至−20 ℃,于冷处过滤或离心收集结晶。用冷丙酮洗涤后,真空干燥。白色结晶保存于棕色瓶中。

(3) 配制电泳贮液时,应注意:① 将配好的贮液用棕色瓶盛装置冰箱内保存,可放 1～2 个月。② 其中的过硫酸铵应当天配制。③ 如有不溶物要过滤。④ 显色液用前再混合。⑤ 电极缓冲液用时稀释 10 倍。

(4) 点样操作时勿碰坏凝胶孔壁,以免使带型不整齐。

七、思考题

(1) 电泳要求的基本条件有哪些?

(2) 丙烯酰胺凝胶电泳的制胶过程中,哪些因素影响胶的凝聚?

(3) 电泳系统的不连续性表现在哪几个方面? 存在哪几种物理效应?

(4) 试述酶活性染色的过程。

实验三十二　质粒 DNA 的提取、酶切与鉴定

一、目的

掌握质粒的小量快速提取法;了解质粒酶切鉴定原理。

二、原理

质粒是一种染色体外的稳定遗传因子。大小在 1～200 kb 之间,分子量一般在 10^6～10^7 道尔顿范围内,具有双链闭合环状结构的 DNA 分子。主要存在于细菌、放线菌和真菌细胞中。质粒具有自主复制和转录能力,能使子代细胞保持恒定的拷贝数,可表达所携带的遗传信息;能独立游离在细胞质内,也可整合到细菌染色体中;离开宿主的细胞就不能存活,但其控制的许多生物学功能却赋予宿主细胞的某些表型。

质粒 DNA 的分离方法基本上都包括 3 个步骤:(1) 培养细菌使质粒扩增。(2) 收集和裂解细菌。(3) 分离和纯化质粒 DNA。采用溶菌酶可破坏菌体细胞壁,十二烷基磺酸钠(Sodium Dodecyl Sulfate, SDS)可使细胞壁裂解,经溶菌酶和阴离子去污剂(SDS)处理后,细菌 DNA 缠绕附着在细胞壁碎片上,离心时易被沉淀出来,而质粒 DNA 则留在上清液中。用酒精沉淀洗涤,可得到质粒 DNA。在细胞内,共价闭环 DNA(cccDNA)常以超螺旋形式存在。若两条链中有一条链发生一处或多处断裂,分子就能旋转而消除链的张力,这种松弛型的分子

叫做开环 DNA(ocDNA)。在电泳时,同一质粒如以 cccDNA 形式存在,则泳动速度大于开环和线状 DNA。

限制性内切酶是一种工具酶,这类酶的特点是具有能够识别双链 DNA 分子上的特异核苷酸顺序的能力,能在这个特异性核苷酸序列内,切断 DNA 双链,形成一定长度和顺序的 DNA 片段。如:EcoRⅠ和 HindⅢ的识别序列和切口是:

EcoRⅠ:G↓AATTC

HindⅢ:A↓AGCTT

G、A 等核苷酸表示酶的识别序列,箭头表示酶切口。限制性内切酶对环状质粒 DNA 有多少切口,就能产生多少酶切片段,因此鉴定酶切后的片段在电泳凝胶的区带数,就可以推断酶切口的数目,从片段的迁移率可以大致判断酶切片段大小的差别。用已知分子量的线状 DNA 为对照,通过电泳迁移率的比较,就可以粗略推测分子形状相同的未知 DNA 的分子量。

三、实验材料、主要仪器和试剂

1. 实验材料

大肠杆菌 DH5α。

2. 主要仪器

台式高速离心机;电泳仪;电泳槽;样品槽模板;微量加样器:10 μL,100 μL,1 000 μL;塑料离心管架;塑料离心管:1.5 mL×30;常用玻璃仪器及滴管等。

3. 试剂

(1) pH 8.0 G. E. T 缓冲液:50 mmol/L 葡萄糖,10 mmol/L EDTA,25 mmol/L Tris-HCl,用前加溶菌酶 4 mg/mL。

(2) pH 4.8 乙酸钾溶液(60 mL 5 mol/L KAc,11.5 mL 冰乙酸,28.5 mL H_2O)。

(3) 酚与氯仿混合液(1∶1,V/V):酚需在 160 ℃重蒸,加入抗氧化剂 8-羟基喹啉,使其浓度为 0.1%,并用 Tris-HCl 缓冲液平衡两次。氯仿中加入异戊醇,氯仿∶异戊醇=24∶1(V/V)。

(4) TE 缓冲液 pH 8.0:10 mmol/L Tris,1 mmol/L EDTA,其中含有 RNA 酶(RNase) 20 μg/mL。

(5) TBE 缓冲液:称取 Tris 10.88 g、硼酸 5.52 g 和 EDTA 0.72 g,用蒸馏水溶解后,定容至 200 mL,用前稀释 10 倍。

(6) EB 染色液:称取 5 g 溴化乙锭(Ethidium Bromide,EB),溶于蒸馏水中并定容至 10 mL,避光保存。临用前,用电泳缓冲液稀释 1 000 倍,使其最终浓度达到 0.5 μg/mL。

四、操作步骤

1. 培养细菌

将带有质粒的大肠杆菌 DH5α 接种在 LB 琼脂培养基上,于 37 ℃下培养 24~48 h。

2. 从细菌中快速提取制备质粒 DNA

(1) 用 3~5 根牙签挑取平板培养基上的菌落,放入 1.5 mL 小离心管中,或取液体培养菌液 1.5 mL 置小离心管中,10 000 r/min 离心 1 min 去掉上清液。加入 150 μL 的 G. E. T. 缓冲液，充分混匀，在室温下放置 10 min。

(2) 加入 200 μL 新配制的 0.2 mol/L NaOH，1%SDS。加盖，颠倒 2～3 次使之混匀。冰上放置 5 min。

(3) 加 150 μL 冷却的乙酸钾溶液，加盖后颠倒数次混匀，冰上放置 15 min。10 000 r/min 离心 5 min，将上清液倒入另一离心管中。

(4) 向上清液中加入等体积酚或氯仿，振荡混匀，10 000 r/min 离心 2 min，将上清液转移至新的离心管中。

(5) 向上清液中加入等体积无水乙醇，混匀，室温放置 2 min，离心 5 min，倒去上清乙醇溶液，将离心管倒扣在吸水纸上，吸干液体。

(6) 加 1 mL 70%乙醇，振荡并离心，倒去上清液，真空抽干，待用。

3. 质粒 DNA 的酶解

将自提质粒加入 20 μL 的 TE 缓冲液，使 DNA 完全溶解。取清洁、干燥、灭菌的具塞离心管编号用微量加样器按表 3－4 所示将各种试剂分别加入每个小离心管内。补无菌双蒸水至 20 μL，依实际情况做相应调整。

表 3－4　DNA 酶切加样表

管 号	标准样品 λDNA(μg)	标准样品 PBR322(μg)	自提样品 质粒(μL)	内切酶 EcoR Ⅰ (μ)	EcoR Ⅰ 酶切缓冲液 10×(μL)	水*(μL)
1			10		2	8
2			10	4	2	
3		0.5			2	
4	1			4	2	
5		0.5		4	2	
6			10	4	2	8
7			10		2	8

加样后，小心混匀，置于 37 ℃水浴中，酶解 2～3 h，反应终止后，将各酶切样品于冰箱中贮存备用。

4. DNA 琼脂糖凝胶电泳

(1) 琼脂糖凝胶的制备：称取 0.6 g 琼脂糖，置于三角瓶中，加入 50 mL TBE 缓冲液，经沸水浴加热全部融化后，取出摇匀，此为 1.2%的琼脂糖凝胶。

(2) 胶板的制备：取橡皮膏(宽约 1 cm)将有机玻璃板的边缘封好，水平放置，将样品槽板垂直立在玻璃板表面。琼脂糖凝胶液冷却至 65 ℃左右，小心倒入凝胶液，使胶液缓慢展开，直到在整个玻璃板表面形成均匀的胶层，室温下静置 30 min，待凝固完全后，轻轻拔出样品槽模板，在胶板上即形成相互隔开的样品槽。用滴管将样品槽内注满 TBE 缓冲液以防止干裂，制备好胶板后立即取下橡皮膏，将胶板放在电泳槽中使用。

(3) 加样：用微量加样器将上述样品分别加入胶板的样品小槽内。每次加完一个样品，要用蒸馏水反复洗净微量加样器，防止相互污染。

(4) 电泳：加完样品后的凝胶板，立即通电。样品进胶前，应使电流控制在 20 mA，样品进胶后电压控制在 60～80 V，电流为 40～50 mA。当指示前沿移动至距离胶板 1～2 cm 处，停止电泳。

(5) 染色：将电泳后的胶板在 EB 染色液中进行染色以观察在琼脂糖凝胶中的 DNA 条带。

五、结果与观察

在波长为 254 nm 的紫外灯下，观察染色后的电泳胶板。DNA 存在处显示出红色的荧光条带。

六、注意事项

溴化乙啶(EB)有一定毒性，使用时切勿直接用手接触。

七、思考题

(1) 染色体 DNA 与质粒 DNA 分离的主要依据是什么？

(2) EB 染料有哪些特点？在使用时应注意些什么？

实验三十三　植物 DNA 提取及 PCR 分析

一、目的

了解 PCR 的基本原理，学习植物 DNA 简易大量提取方法和 PCR 分析技术。

二、原理

PCR (聚合酶链反应)是一种 DNA 体外扩增技术，具有特异、敏感、产率高、快速、简便、重复性好、易自动化等突出优点；能在体外将所要研究的目的 DNA 合成量呈指数增长，使微量的遗传物质迅速扩增数百万倍，达到检测水平。PCR 主要包括变性、退火和延伸 3 个步骤：① 变性是指目的双链 DNA 在加热条件下解链；② 退火是指在适当温度下引物与模板按碱基配对原则互补结合；③ 延伸是指以目的 DNA 为模板，DNA 聚合酶催化合成新链。以上三步为一个循环，每一个循环的产物可以作为下一个循环的模板，使得 DNA 大量扩增。用电泳等方法，可以分析反应产物和长度。

三、实验材料、主要仪器和试剂

1. 实验材料

植物根、茎、叶、愈伤组织、悬浮细胞、原生质体等新鲜组织或冷冻干燥的材料。

2. 主要仪器

台式高速离心机；DNA 扩增仪；可调式移液器；电泳仪；电泳槽；制冰机；凝胶成像系统。

3. 试剂

(1) 提取缓冲液：100 mmol/L Tris－Cl (pH 8.0)，50 mmol/L EDTA (pH 8.0)，500 mmol/L NaCl，10 mmol/L α－巯基乙醇。

(2) 10% SDS。

(3) 5 mmol/L KAc。

(4) 70%乙醇。

(5) 异丙醇。

(6) 氯仿-异戊醇混合物:24∶1。

(7) TE缓冲液:10 mmol/L Tris-HCl(pH 8.0),1 mmol/L EDTA(pH 8.0),高压灭菌后,于4 ℃冰箱中保存。

(8) 10×PCR反应缓冲液:500 mmol/L KCl,100 mmol/L Tris-HCl(25 ℃,pH 9.0),1% Triton X-100。

(9) $MgCl_2$:25 mmol/L。

(10) 4种dNTP混合物:每种2.5 mmol/L。

(11) Taq DNA聚合酶:5单位/μL,此酶是从嗜热水生菌(Thermus aquaticus)菌株中分离提纯的,能耐受高温,在70～75 ℃时具有最高的生物学活性。

(12) 1%琼脂糖。

(13) 矿物油。

四、操作步骤

1. 提取植物DNA

(1) 取25 mL离心管,加入15 mL提取缓冲液,1 mL 10% SDS混匀,于65 ℃预热。

(2) 取植物材料4 g,置于液氮中研磨成粉。

(3) 将冻粉转入离心管,混匀,65 ℃保温20 min,期间摇动1～2次。

(4) 向离心管中加入5 mL 5 mmol/L KCl,混匀,置于冰浴中30 min。

(5) 在4 ℃条件下,12 000 r/min离心10 min,上清液转入另一个离心管中。

(6) 加入5 mL氯仿—异戊醇混合物(24∶1),混匀,12 000 r/min离心5 min。

(7) 取上清液,加入$\frac{2}{3}$体积的异丙醇,混匀,静置,待出现絮状物。

(8) 挑出絮状物置于离心管中,加入适量70%乙醇,轻摇离心管,离心,弃去上清液,再加入70%乙醇,轻摇离心管,重复操作2～3次。

(9) 沉淀吹干,TE溶解,于－70 ℃下储存备用。

2. PCR分析

(1) 按表3-5依次加入下列试剂,混匀。

表3-5　PCR分析用试剂

序号	试剂名称	加入量
1	H_2O	35 μL
2	10×PCR反应缓冲液	5 μL
3	25 mmol/L $MgCl_2$	4 μL
4	4种dNTP混合物	4 μL

续 表

序号	试剂名称	加入量
5	上游引物(引物Ⅰ)	0.5 μL
6	上游引物(引物Ⅱ)	0.5 μL
7	植物 DNA 约 1 ng	0.5 μL

(2) 混匀后,离心 5 s,于 94 ℃下加热 5 min,迅速降温(冰浴),迅速离心数秒,直至管壁上液滴沉至管底,加入 Taq DNA 聚合酶 0.5 μL,约 2.5 单位,混匀后稍离心,加入 1 滴矿物油覆盖于反应混合物上。

(3) 混合物 94 ℃ 变性 1 min,45 ℃ 退火 1 min,72 ℃ 延伸 2 min,循环 35 轮,进行 PCR 扩增。最后一轮循环结束后,72 ℃ 保温 10 min,使反应产物扩增充分。

3. 电泳

按照实验二十八"核酸的琼脂糖凝胶电泳"的操作步骤,取 10 μL 扩增产物,用 1%琼脂糖凝胶进行电泳,拍照。

五、结果与分析

按照琼脂糖凝胶电泳的分析方法,鉴定反应产物,测量长度。

六、注意事项

(1) 如取用的是植物叶片,须去除中脉。

(2) PCR 操作尽可能在无菌条件下进行。

(3) 使用的离心管、移液器吸头等应高压灭菌,每次用毕应更换吸头,避免相互污染。

(4) 应设计空白对照实验。

七、思考题

为保证理想的扩增效果,在进行 PCR 实验设计时应注意哪些事项?

实验三十四　小麦胚芽油的制备及维生素 E 含量的测定

一、目的

学习和掌握从小麦胚芽中分离天然维生素 E 及测定含量的方法。

二、原理

维生素 E 又称为生育酚,天然维生素 E 是生育酚、三烯生育酚以及能够或显示 D-α-生育酚活性的衍生物的总称。天然维生素共有 8 种形态:α、β、γ 和 δ 生育酚及生育三烯醇。维生素 E 的同系物均具有苯并二氢吡喃及植醇侧链。苯并二氢吡喃是一个共轭双键体系,具有吸收紫外线的能力。利用紫外分光光度法,通过测定样品 284 nm 处紫外吸收强度,可以测定维生素 E 的含量。测定方法操作简便、准确快速，分析结果令人满意。由于生物体中含有核酸、蛋白质等其他组分，也具有紫外吸收功能，因此，如何排除干扰物对测定结果的影响是紫外分光光度法实施的关键。另外，由于维生素 E 同系物的紫外吸收光谱十分相似，所以紫外分光光度法只能测定样品中维生素 E 的总量，不能测定某个维生素 E 同系物的含量。

常见植物特别是大田粮食植物细胞中，小麦胚芽的维生素 E 含量最高。本实验以小麦籽粒为原料，制备小麦胚芽，采用有机溶剂法分离胚芽油并测定其中的维生素 E 含量。常用的有机溶剂有乙醇、乙醚、丙酮等。

三、实验材料、主要仪器和试剂

1. 实验材料

小麦籽粒。

2. 主要仪器

紫外可见分光光度计；电子天平；恒温水浴锅；烘箱；超声波清洗器；索氏脂肪抽提器：底瓶 60 mL；烧杯：50 mL，100 mL，250 mL；量筒：10 mL，50 mL，100 mL，500 mL；刻度吸管：1 mL，2 mL，5 mL，10 mL；容量瓶：10 mL，50 mL，100 mL，250 mL；分液漏斗；铁架台等。

3. 试剂

(1) 无水乙醇。

(2) 石油醚或乙醚。

(3) 标准维生素 E。

(4) 维生素 E 标准储备溶液：10 mg/mL。

精确称取 0.5 g 维生素 E 标样，置于小烧杯中，加少量无水乙醇溶解后，转移到 50 mL 棕色容量瓶中，用无水乙醇定容至 50 mL，摇匀，将其放置在 4 ℃冰箱中保存备用，使用前稀释即可。

(5) 30%氢氧化钠。

四、操作步骤

1. 小麦胚芽油制备

将小麦浸在水中，在 20 ℃条件下浸泡 12 h(亦可于室温下浸泡，浸泡时间随室温变化而调整)，直至小麦籽粒膨大变软为止，用刀片将小麦胚芽剥出，获得小麦胚芽，并于 50 ℃下烘干。

准确称量小麦胚芽干燥品 50 g，按照实验五的方法分离提取小麦胚芽油，置于棕色瓶中于 4 ℃下保存。

2. 样品中维生素 E 的提取

(1) 样品皂化：称取适量样品于三角瓶中，加 30 mL 无水乙醇，振摇三角瓶，使样品分散均匀。加入 5 mL 的 10%抗坏血酸后混匀。最后加入 10 mL 氢氧化钠，边加边振荡，于沸水浴上回流 30 min 使样品皂化完全，皂化后立即放入水中冷却。

(2) 样品萃取：将皂化后的样品移入分液漏斗中，用 50 mL 水分 2 次洗皂化瓶，洗液并入分液漏斗中。用 100 mL 无水乙醚分两次洗皂化瓶及残渣，乙醚液并入分液漏斗中，轻轻振摇分液漏斗 2 min，静置分层，弃去水层。然后每次用约 100 mL 水将乙醚液洗至中性，约

4～5 次。

(3) 浓缩:将乙醇提取液经无水硫酸钠(约 5 g)滤入 150 mL 旋转蒸发瓶内,用约 15 mL 乙醇冲洗分液漏斗及无水硫酸钠 2 次,并入蒸发瓶内,并将其接在旋转蒸发器上,于 55 ℃水浴中减压蒸馏并回收乙醇,待剩下约 2 mL 时,取下蒸发瓶,立即用氮气将乙醚吹干。加入 2 mL 乙醇溶液,充分混合,溶解提取物。将乙醇液移入塑料离心管中,于离心机上以 3 000 r/min 离心 5 min。上清液供实验分析。

3. 制作标准曲线

在室温下,用乙醇作为溶剂,配制维生素 E 标准溶液系列浓度梯度。

取 6 个 10 mL 棕色容量瓶,编号为 0、1、2、3、4、5,从配好的母液中精确量取 5 mL 于 0 号容量瓶中,用无水乙醇稀释至刻度摇匀,然后再从 0 号容量瓶中移取 5 mL 加入到 1 号容量瓶中,用无水乙醇稀释至刻度,摇匀,依次类推,则 0～5 号容量瓶中的浓度分别为 5 mg/mL、2.5 mg/mL、1.25 mg/mL、0.625 mg/mL、0.312 5 mg/mL、0.156 25 mg/mL。亦可实验前预先配制,于 4 ℃冰箱中保存备用。

以吸光度值($A_{248\ nm}$)为纵坐标,维生素 E 系列浓度(mg/mL)为横坐标,绘出标准曲线。

4. 小麦胚芽油中维生素 E 含量的测定

取 3 个 10 mL 棕色容量瓶,编号,其中 1 号为空白对照,2 号和 3 号为量取小麦胚芽油浓缩物 0.1 mL,用无水乙醇稀释,定容至刻度,测定 248 nm 处的吸光度值。各编号的浓度可依据需要调整。

五、结果与计算

(1) 计算小麦胚芽的产率。

(2) 计算小麦胚芽油的产率。

(3) 分别计算小麦、小麦胚芽及小麦胚芽油中维生素 E 的含量。

六、注意事项

维生素 E 极易被氧化,见光易分解。因此,维生素 E 溶液需临时配制,不宜久存,且应使用棕色容器。

七、思考题

维生素 E 的定量方法有哪些？各有什么优缺点？

第四章 设计性实验

一、设计要求

设计性实验，又称探索性实验或模拟科学研究，是众多未知或者未全知的问题采用科学的思维方法，进行大胆设计，探索研究的一种开放式教学实验；是在特定的条件下，自行设计并实验，灵活应用知识和技能进行创新性思维和综合实践活动。

设计性实验由学生根据实验目的，在理解实验原理的基础上，灵活运用知识和技能进行的创造性思维和实验活动。将平时在课程理论和实践教学中所掌握的实验方法、实验原理以及所熟悉的实验仪器，设计出新的实验和测量方法，观察、分析实验现象、处理实验数据等，综合考查学生实验能力，分析、解决问题的能力，提供培养创新意识与实践能力的平台。

完成设计性实验应该满足以下几方面要求：(1) 明确实验目的。(2) 掌握实验原理。(3) 设计实验方案。(4) 选择实验仪器。(5) 配制实验试剂。(6) 处理实验数据。(7) 分析实验结果。

二、实施过程

在给定实验目的和实验条件的前提下，学生在教师的指导下自行设计实验方案，选择实验器材，制定操作程序，学生必须运用已掌握的知识进行分析、探讨。其实施过程如下：(1) 查阅文献，寻找相关的实验方法及手段。(2) 根据所提供的原料来源与组成以及实验条件，筛选实验方法及仪器，排除干扰性因素。(3) 拟定实验方案，寻找最优结果。(4) 对实验数据进行处理，分析与讨论实验结果，得出合理的结论。

三、实验报告

按照以下内容书写设计性实验的实验报告。

(1) 实验目的。(2) 设计依据及原理。(3) 设计方案与操作步骤。(4) 数据处理与计算。(5) 结果分析与讨论。(6) 注意事项。(7) 参考文献。

实验三十五 α-淀粉酶最适催化条件选择

一、实验内容

目的在于学习并掌握酶促反应最适条件的选择方法。影响酶促反应的因素主要有酶浓度、底物浓度、温度、pH、抑制剂和激活剂。利用已掌握的生物化学基础知识和实验技能，自行设计一种优选α-淀粉酶最适催化条件的实验方案，并对实验结果给出合理的分析与讨论。

二、基本要求

(1) 查阅文献资料，获得α-淀粉酶最适pH、最适温度、最适底物等有关信息，了解α-淀粉酶活力测定的方法和原理。

(2) 选择样品及α-淀粉酶，不考虑抑制剂和激活剂的存在，根据样品及α-淀粉酶的来源和组成，筛选α-淀粉酶活力测定方法，设计实验方案，通过比较，最终获得适合于特定底物的α-淀粉酶最适催化条件。

(3) 独立完成实验所用仪器设备的选择、试剂配制、实验操作、数据处理、结果分析等全过程。按照操作规范，熟练使用各种仪器设备。

(4) 完成实验报告

① 实验目的

说明自行选定的方法的实验目的。

② 设计依据及原理

说明酶活力测定方法的筛选和理由，确定α-淀粉酶最适催化条件的依据，判断温度、pH、酶浓度、底物浓度等因素对α-淀粉酶活力的影响的方法，对实验原料的要求，原料是否需要预处理，实验器材选择标准等。

③ 设计方案与操作步骤

根据实验目的和要求，结合已掌握的实验基本知识和基本技能，制订实验方案和操作步骤。说明每一步骤的作用、所涉及的参数的确定依据。说明选择试剂的要求和配制方法。

④ 合理进行数据处理与计算

按照国际生化学会酶学委员会的规定，定义α-淀粉酶的活力单位。按定义计算不同温度、pH、酶浓度、底物浓度条件下的酶活力单位数。

⑤ 结果分析与讨论

通过比较不同的催化条件下酶活力单位数的大小，筛选出α-淀粉酶的活力单位数最大的操作条件，得到温度、pH、酶浓度、底物浓度最佳的组合，简单叙述各因素的影响机理。

⑥ 注意事项

详细说明在方案设计、操作实施、数据处理、分析讨论等各环节，需要特别加以注意的点点滴滴。

⑦ 参考文献。

按照学校毕业论文的格式规范，按顺序提供参考文献。具体格式要求见学校教务处网页上的下载专区。

实验三十六　维生素C含量的测定及主要生物学功能评判

一、实验内容

目的在于学习并掌握维生素C定量分析方法，了解维生素C的主要生物学功能及应用。

维生素C是植物次生代谢产物，属于水溶性维生素，新鲜蔬菜及水果中含量丰富。维生素C参与体内代谢反应，具有抗氧化、抗病毒等作用，广泛应用于食品加工与保藏、疾病预防与治疗等方面。利用已掌握的生物化学基础知识和实验技能，自行选择实验样品，设计维生素C的定量分析方法，对维生素C的主要生物学功能进行评判。

二、基本要求

(1) 查阅文献资料，获得维生素C定量分析方法等有关信息，了解各种测定方法、原理及适用范围；了解维生素C的主要生物学功能。

(2) 选择样品，确定维生素C分析方法，检验维生素C的主要生物学功能。根据样品特点及分析方法的需要分别设计维生素C含量测定的实验方案和有关生物学功能的实验方案。

(3) 独立完成实验所用仪器设备的选择、试剂配制、实验操作、数据处理、结果分析等全过程。按照操作规范，熟练使用各种仪器设备。

(4) 完成实验报告

① 实验目的

说明自行选定的方法的实验目的。

② 设计依据及原理

说明维生素C含量测定方法的筛选和理由，以及生物学功能实验方案制订的理由。对实验原料的要求，原料是否需要预处理，实验器材选择标准等。

③ 设计方案与操作步骤

根据实验目的和要求，结合已掌握的实验基本知识和基本技能，制订实验方案和操作步骤。说明每一步骤的作用、所涉及的参数的确定依据。说明选择试剂的要求和配制方法。

④ 合理进行数据处理与计算

计算样品中维生素C的含量；按照分析化学的理论，计算测定结果的重现性、相对标准偏差和加样回收率。

根据所选样品的特征，评判其中的维生素C的生物学功能。

⑤ 结果分析与讨论

根据数据处理与计算的结果，分别讨论所选样品中维生素C含量与特定生物学功能的关系、测定结果的精密度和准确度，以及测定方法的可靠性。

⑥ 注意事项

详细说明在方案设计、操作实施、数据处理、分析讨论等各环节，需要特别加以注意的点点滴滴。

⑦ 参考文献

按照学校毕业论文的格式规范，按顺序提供参考文献。具体格式要求见学校教务处网页上的下载专区。

实验三十七　生物膜组分鉴定及生物膜技术应用

一、实验内容

目的在于学习并掌握生物膜组分的鉴定方法，了解生物膜技术在工农业生产中的应用。生物膜结构是细胞结构的基本形式，是细胞功能的基本结构基础。生物膜包括细胞的外周膜和内膜系统。生物膜的基本化学组成是膜脂质和膜蛋白质，还有少量的糖类、水和金属离子等。膜脂构成生物膜的基本骨架，膜蛋白是膜功能的主要体现者。生物膜具有物质交换功能、细胞膜的保护功能、信息传递功能、能量转换功能、免疫功能和运动功能。利用已掌握的生物化学基础知识和实验技能，自行选择实验样品，设计生物膜组分的鉴定方法，评判生物膜的特定生物学功能。

二、基本要求

(1) 查阅文献，获得生物膜组分的鉴定方法及生物膜技术实际运用等有关资料，了解生物膜组分的鉴定及生物膜技术的方法和原理。

(2) 分别选择样品、生物膜组分鉴定方法和生物膜技术，根据样品及鉴定方法的需要，设计实验方案，讨论生物膜技术的适用范围，任选一种生物膜技术用于实验中。

(3) 独立完成实验所用仪器设备的选择、试剂配制、实验操作、数据处理、结果分析等全过程。按照操作规范，熟练使用各种仪器设备。

(4) 完成实验报告

① 实验目的

说明自行选定的方法的实验目的。

② 设计依据及原理

说明生物膜组分鉴定方法的筛选和理由，以及确定生物膜技术适用范围的理由，提供生物膜组分的鉴定标准和依据，提出一种生物膜技术的应用实例。对实验原料的要求，原料是否需要预处理，实验器材选择标准等。

③ 设计方案与操作步骤

根据实验目的和要求，结合已掌握的实验基本知识和基本技能，制订实验方案和操作步骤。说明每一步骤的作用、所涉及的参数的确定依据。说明选择试剂的要求和配制方法。

④ 合理进行数据处理与计算

归纳整理实验数据，包括组分鉴定和生物膜技术应用两方面。

⑤ 结果分析与讨论

根据组分鉴定的实验数据，得到所选样品的生物膜组分组成；根据所选生物膜技术的应用结果，评判该技术的优点与缺点。

⑥ 注意事项

详细说明在方案设计、操作实施、数据处理、分析讨论等各环节，需要特别加以注意的点点滴滴。

⑦ 参考文献

按照学校毕业论文的格式规范，按顺序提供参考文献。具体格式要求见学校教务处网页上的下载专区。

实验三十八　鉴别地沟油

一、实验内容

目的在于学习并掌握地沟油的鉴定方法。常说的地沟油来源于油炸老油、泔水油、下水道漂浮油等，其特征性组分因来源不同而不同，而各组分的理化特征亦有所不同。根据公开发明专利 CN101986154A、国家标准 GB 2716—2005 和 GB 7102.1—2003 等所述，检测不同来源的特征性组分，只要有任何一项超标，即可判定被检测物不合格，能初步鉴别地沟油。检测项目主要包括：(1) 微生物代谢产物，包括一级代谢产物和次级代谢产物。(2) 洗涤剂及去污剂的特征性组分。(3) 烹饪调味料的特征性组分。(4) 油炸老油的特征性组分。

任意选择一类检测项目，利用已掌握的生物化学基础知识和实验技能，自行选择实验样品，设计地沟油的鉴定方法，并评判该方法的有效性。检测方法可以是化学分析法、仪器分析法、生物化学分析法等。

二、基本要求

(1) 查阅文献，获得地沟油特定组分的类别及特征等资料，了解有关鉴定地沟油的方法和原理。

(2) 分别选择样品和鉴定方法，根据样品及鉴定方法的需要，设计实验方案，讨论地沟油鉴别方法的适用范围。

(3) 独立完成实验所用仪器设备的选择、试剂配制、实验操作、数据处理、结果分析等全过程。按照操作规范，熟练使用各种仪器设备。

(4) 完成实验报告

① 实验目的

说明自行选定的方法的实验目的。

② 设计依据及原理

说明地沟油特征组分及鉴别方法的筛选和理由，以及确定鉴别方法适用范围的理由。对实验原料的要求，原料是否需要预处理，实验器材选择标准等。

③ 设计方案与操作步骤

根据实验目的和要求，结合已掌握的实验基本知识和基本技能，制订实验方案和操作步骤。说明每一步骤的作用、所涉及的参数的确定依据。说明选择试剂的要求和配制方法。

④ 合理进行数据处理与计算

计算样品中地沟油特征组分的含量；按照分析化学的理论，计算测定结果的重现性、相对标准偏差和加样回收率。

⑤ 结果分析与讨论

根据数据处理与计算的结果，分别讨论所选样品的地沟油特征组分与鉴别方法的关系、测定结果的精密度和准确度，以及测定方法的可靠性。

⑥ 注意事项

详细说明在方案设计、操作实施、数据处理、分析讨论等各环节，需要特别加以注意的点点滴滴。

⑦ 参考文献

按照学校毕业论文的格式规范，按顺序提供参考文献。具体格式要求见学校教务处网页上的下载专区。

实验三十九　蛋白氮与非蛋白氮的定量分析

一、实验内容

目的在于学习并掌握蛋白氮及非蛋白氮的鉴别方法。凯氏定氮法是蛋白质含量分析的经典方法，广泛用于产品质量控制及科学研究。但凯氏定氮法具有局限性，由于该法是以总氮量为依据，通过换算系数换算成蛋白质总量，使得一些非蛋白氮亦有可能被误统计成蛋白氮，造成蛋白质含量高的假象。利用已掌握的生物化学基础知识和实验技能，自行选择实验样品，设计蛋白氮与非蛋白氮的定量分析方法，鉴别真假蛋白。

二、基本要求

(1) 查阅文献，获得蛋白质定量分析方法及非蛋白氮的来源种类等有关资料，了解蛋白氮和非蛋白氮分析的方法和原理。

(2) 分别选择样品、能区别蛋白氮及非蛋白氮的分析方法，根据样品及鉴定方法的需要，设计实验方案，讨论检测方法的适用范围。

(3) 独立完成实验所用仪器设备的选择、试剂配制、实验操作、数据处理、结果分析等全过程。按照操作规范，熟练使用各种仪器设备。

(4) 完成实验报告

① 实验目的

说明自行选定的方法的实验目的。

② 设计依据及原理

说明蛋白氮及非蛋白氮鉴定方法的筛选和理由，以及确定检测方法适用范围的理由。对实验原料的要求，原料是否需要预处理，实验器材选择标准等。

③ 设计方案与操作步骤

根据实验目的和要求，结合已掌握的实验基本知识和基本技能，制订实验方案和操作步骤。说明每一步骤的作用、所涉及的参数的确定依据。说明选择试剂的要求和配制方法。

④ 合理进行数据处理与计算

计算样品中蛋白氮的含量、蛋白质的含量、非蛋白氮的含量；按照分析化学的理论，计算测定结果的重现性、相对标准偏差和加样回收率。

⑤ 结果分析与讨论

根据数据处理与计算的结果，分别讨论所选检测方法的适用范围、测定结果的精密度和准确度，以及测定方法的可靠性。

⑥ 注意事项

详细说明在方案设计、操作实施、数据处理、分析讨论等各环节，需要特别加以注意的点点滴滴。

⑦ 参考文献

按照学校毕业论文的格式规范，按顺序提供参考文献。具体格式要求见学校教务处网页上的下载专区。

实验四十　蛋白质分离纯化方法的选择与比较

一、实验内容

目的在于学习并掌握蛋白质分离纯化方法。天然蛋白质在组织或细胞中一般都是以复杂的混合形式存在，每种类型的细胞中都含有上千种不同的蛋白质。从生物组织中制备蛋白质是一个十分繁复的过程，需要许多复杂的技术操作。利用已掌握的生物化学基础知识和实验技能，自行设计含蛋白质样品的前处理方法、蛋白质分离纯化方法和定量分析方法。

二、基本要求

(1) 查阅文献，获得含蛋白质样品的前处理方法、蛋白质分离纯化方法和定量分析方法等有关资料，了解各类方法的原理和适用范围。

(2) 分别选择含蛋白质样品、分离纯化方法和定量分析方法，根据样品、分离纯化方法及定量方法的需要，设计实验方案，讨论这些方法的操作条件和适用范围。

(3) 独立完成实验所用仪器设备的选择、试剂配制、实验操作、数据处理、结果分析等全过程。按照操作规范，熟练使用各种仪器设备。

(4) 完成实验报告

① 实验目的

说明自行选定的方法的实验目的。

② 设计依据及原理

说明含蛋白质样品的筛选理由、确定分离纯化方法及定量分析方法的理由和适用范围。对实验原料的要求，原料是否需要预处理，实验器材选择标准等。

③ 设计方案与操作步骤

根据实验目的和要求，结合已掌握的实验基本知识和基本技能，制订实验方案和操作步骤。说明每一步骤的作用、所涉及的参数的确定依据。说明选择试剂的要求和配制方法。

④ 合理进行数据处理与计算

计算样品及分离产品中的蛋白质含量、蛋白质的产率；也可按照分析化学的理论，计算蛋白质测定结果的重现性、相对标准偏差和加样回收率。

⑤ 结果分析与讨论

根据数据处理与计算的结果，比较不同方法的适用范围、测定结果的精密度和准确度，以及测定方法的可靠性。

⑥ 注意事项

详细说明在方案设计、操作实施、数据处理、分析讨论等各环节，需要特别加以注意的点点滴滴。

⑦ 参考文献

按照学校毕业论文的格式规范，按顺序提供参考文献。具体格式要求见学校教务处网页上的下载专区。

实验四十一　用正交试验法设计实验方案

一、实验内容

目的在于学习并使用正交试验法，设计实验方案，优化因素组合，寻找最佳操作条件。正交试验法又称为正交试验优选法，该方法是统计数学的重要分支，是产品设计过程和质量管理的重要工具和方法。该法以概率论数理统计、专业技术知识和实践经验为基础，充分利用标准化的正交表来安排试验方案，并对试验结果进行计算分析，最终达到减少试验次数，缩短试验周期，迅速找到优化方案。

正交试验法有考核指标、因素、水平等几个专有名词。指标与试验目的相对应，是试验中需要考查的效果的特性值，应该是可以量化的。因素也称因子，是对试验指标可能有影响的原因或要素，是试验中重点考查的内容。试验中选定的因素所处的状态和条件称为水平或位级。正交试验法的基本工具是正交表，这是一种依据数理统计原理而制定的具有某种数字性质的标准化表格，常用的正交表是 $L_9(3^4)$，表示的是 4 列 9 行的矩阵。“9”表示试验的次数，“4”表示最多可以安排的因素个数，“3”表示每个因素的水平取值个数。

例如：影响酶促反应速率的因素有底物浓度、酶浓度、温度、pH、激活剂和抑制剂。如果要考查其中的部分或全部因素对酶活性的影响，需要大量的实验数据，工作量相当大；若采用正交试验法，就可以用少量的试验及较短的时间获得实验结果，获得多个影响因素及水平的最佳组合。若选择 $L_9(3^4)$ 的正交表，在不考虑激活剂和抑制剂时，可以安排底物浓度、酶浓度、温度、pH 4 个因素，每个因素可以有 3 个取值点，如 pH 选择 6.0、6.5、7.0，温度可以选择 30 ℃、40 ℃、45 ℃，以此类推。按照正交表规定的因素水平组合，完成实验，并进行实验数据的处理与计算，就可以得到需要的实验结果。

利用已掌握的生物化学基础知识和实验技能，自行设计有多个影响因素的实验，如生化物质分离条件的优化、分析方法的优化、操作条件的优化、多种因素组合的优化等。

二、基本要求

(1) 查阅文献，学习正交试验法的基本知识和原理，了解正交试验法的数据处理方法以及正交试验设计的基本要求。

(2) 根据实验目的，选择样品，设计正交表。按照正交表的要求，完成实验，记录批量试验数据。根据正交表数据计算及处理的规则，计算出最适的因素与水平组合。

(3) 独立完成实验所用仪器设备的选择、试剂配制、实验操作、数据处理、结果分析等全过程。按照操作规范，熟练使用各种仪器设备。

(4) 完成实验报告

① 实验目的

说明自行选定的方法的实验目的。

② 设计依据及原理

说明选择正交表的理由及确定因素水平数的理由。对实验原料的要求，原料是否需要预处理，实验器材选择标准等。

③ 设计方案与操作步骤

根据实验目的和要求，结合已掌握的实验基本知识和基本技能，制订实验方案和操作步骤。说明每一步骤的作用、所涉及的参数的确定依据。说明选择试剂的要求和配制方法。

④ 合理进行数据处理与计算

按照正交表的数据处理要求，进行极差分析或方差分析，寻找最优的因素与水平组合。

⑤ 结果分析与讨论

绘制各因素水平的变化趋势图，分析因素、水平与考核指标的关系。

⑥ 注意事项

详细说明在方案设计、操作实施、数据处理、分析讨论等各环节，需要特别加以注意的点点滴滴。

⑦ 参考文献

按照学校毕业论文的格式规范，按顺序提供参考文献。具体格式要求见学校教务处网页上的下载专区。

参考文献

[1] 李明元,唐洁. 生物化学实验. 北京:中国轻工业出版社,2008

[2] 张恒.应用生物化学.徐州:中国矿业大学出版社,2013

[3] 白玲,黄健. 基础生物化学实验. 上海:复旦大学出版社,2004

[4] 陈均辉,李俊,张太平,等. 生物化学实验(第4版). 北京:科学出版社,2008

[5] 杨光彩. 生物化学实验指导. 广州:华南理工大学出版社,2001

[6] 韦平和. 生物化学实验与指导. 北京:中国医药科技出版社,2003

[7] 赵锐,李旭生. 生物化学实验教程. 北京:中国科学技术出版社,2004

[8] 王宪泽. 生物化学实验技术原理与方法. 北京:中国农业出版社,2002

[9] 张龙翔,张庭芳,李令媛. 生化实验方法和技术(第2版). 北京:高等教育出版社,1997

[10] 武金霞. 生物化学实验原理与技术. 保定:河北大学出版社,2005

[11] 赵亚华. 生物化学实验技术教程. 广州:华南理工大学出版社,2000

[12] 袁道强,黄建华.生物化学实验技术.北京:中国轻工业出版社,2005

[13] 李茂言. 生物化学实验指导.重庆:重庆邮电学院生物信息学院,2002

[14] 杨建雄.生物化学与分子生物学实验教程.北京:科学出版社,2002

[15] 厉朝龙.生物化学与分子生物学实验技术.杭州:浙江大学出版社,2000

[16] 梁宋平.生物化学与分子生物学实验教程.北京:高等教育出版社,2003

[17] 周先碗,胡晓倩.生物化学仪器分析与实验技术.北京:化学工业出版社,2002

[18] 陈毓荃.生物化学实验方法和技术.北京:科学出版社,2008

[19] Zhang Heng, Xu Zhao-tang, Li Wen-qian, et al. Effect of Copper and Zinc on Accumulation of Vitamin E in Wheat Embryo Callus. Agricultural Science & Technology, 2011, 12(12): 1769 - 1772

[20] Heng Zhang, Zhaotang Xu, Wenqian Li, et al. Determination of Vitamin C by Infrared Spectroscopy Based on Nonlinear Modeling. Advanced Materials Research, 2011, 236 - 238: 2482 - 2486

[21] 王秀奇,秦淑媛,高天慧,等. 基础生物化学实验(第2版). 北京:高等教育出版社,1999

[22] 董晓燕. 生物化学实验 (第2版). 北京:化学工业出版社,2008

[23] 李卫芳,俞红云,王冬梅,等. 生物化学与分子生物学实验. 合肥:中国科学技术大学出版社,2012

[24] 张蕾,刘昱,蒋达和,等. 生物化学实验指导. 武汉:武汉大学出版社,2011

[25] 徐安莉. 生物化学实验指导. 北京:中国医药科技出版社,2013